"十一五"国家重点图书出版规划项目

U0742782

中国有色金属丛书

CNMS

锌粉及合金锌粉生产

中国有色金属工业协会组织编写

郭天立　　　主　编
熊家政　周炳利　副主编

中南大学出版社
www.csupress.com.cn

图书在版编目(CIP)数据

锌粉及合金锌粉生产/郭天立主编 . —长沙:中南大学出版社,
2010. 12

   ISBN 978-7-5487-0159-0

  Ⅰ. 锌...　Ⅱ. 郭...　Ⅲ. 锌合金—生产工艺　Ⅳ. TG146. 1

中国版本图书馆 CIP 数据核字(2010)第 256822 号

锌粉及合金锌粉生产

郭天立　主编

□责任编辑	史海燕	
□责任印制	文桂武	
□出版发行	中南大学出版社	
	社址:长沙市麓山南路	邮编:410083
	发行科电话:0731-88876770	传真:0731-88710482
□印　　装	国防科大印刷厂	

□开　　本	787×1092　1/16	□印张 10.5	□字数 255 千字
□版　　次	2010 年 12 月第 1 版	□2010 年 12 月第 1 次印刷	
□书　　号	ISBN 978 - 7 - 5487 - 0159 - 0		
□定　　价	41.00 元		

王海东	中南大学出版社
乐维宁	中铝国际沈阳铝镁设计研究院
许　健	中冶葫芦岛有色金属集团有限公司
刘同高	厦门钨业集团有限公司
刘良先	中国钨业协会
刘柏禄	赣州有色冶金研究所
刘继军	茌平华信铝业有限公司
李　宁	兰州铝业股份有限公司
李凤轶	西南铝业(集团)有限责任公司
李阳通	柳州华锡集团有限责任公司
李沛兴	白银有色金属股份有限公司
李旺兴	中铝郑州研究院
杨　超	云南铜业(集团)有限公司
杨文浩	甘肃稀土集团有限责任公司
杨安国	河南豫光金铅集团有限责任公司
杨龄益	锡矿山闪星锑业有限责任公司
吴跃武	洛阳有色金属加工设计研究院
吴锈铭	中国有色金属工业协会镁业分会
邱冠周	中南大学
冷正旭	中铝山西分公司
汪汉臣	宝钛集团有限公司
宋玉芳	江西钨业集团有限公司
张　麟	大冶有色金属有限公司
张创奇	宁夏东方有色金属集团有限公司
张洪国	中国有色金属工业协会
张洪恩	河南中孚实业股份有限公司
张培良	山东丛林集团有限公司
陆志方	中国有色工程有限公司
陈成秀	厦门厦顺铝箔有限公司
武建强	中铝广西分公司
周　江	东北轻合金有限责任公司
赵　波	中国有色金属工业协会
赵翠青	中国有色金属工业协会
胡长平	中国有色金属工业协会
钟卫佳	中铝洛阳铜业有限公司
钟晓云	江西稀有稀土金属钨业集团公司
段玉贤	洛阳栾川钼业集团有限责任公司
胥　力	遵义钛厂
黄　河	中电投宁夏青铜峡能源铝业集团有限公司
黄粮成	中铝国际贵阳铝镁设计研究院
蒋开喜	北京矿冶研究总院
傅少武	株洲冶炼集团有限责任公司
瞿向东	中铝广西分公司

王林生	赣州有色冶金研究所
尹晓辉	西南铝业(集团)有限责任公司
邓吉牛	西部矿业股份有限公司
吕新宇	东北轻合金有限责任公司
任必军	伊川电力集团
刘江浩	江西铜业集团公司
刘劲波	洛阳有色金属加工设计研究院
刘昌俊	中铝山东分公司
刘侦德	中金岭南有色金属股份有限公司
刘保伟	中铝广西分公司
刘海石	山东南山集团有限公司
刘祥民	中铝股份有限公司
许新强	中条山有色金属集团有限公司
苏家宏	柳州华锡集团有限责任公司
李宏磊	中铝洛阳铜业有限公司
李尚勇	金川集团有限公司
李金鹏	中铝国际沈阳铝镁设计研究院
李桂生	江西稀有稀土金属钨业集团公司
吴连成	青铜峡铝业集团有限公司
沈南山	云南铜业(集团)公司
张一宪	湖南有色金属控股集团有限公司
张占明	中铝山西分公司
张晓国	河南豫光金铅集团有限责任公司
邵 武	铜陵有色金属(集团)公司
苗广礼	甘肃稀土集团有限责任公司
周基校	江西钨业集团有限公司
郑 莆	中铝国际贵阳铝镁设计研究院
赵庆云	中铝郑州研究院
战 凯	北京矿冶研究总院
钟景明	宁夏东方有色金属集团有限公司
俞德庆	云南冶金集团总公司
钱文连	厦门钨业集团有限公司
高 顺	宝钛集团有限公司
高文翔	云南锡业集团有限责任公司
郭天立	中冶葫芦岛有色金属集团有限公司
梁学民	河南中孚实业股份有限公司
廖 明	白银有色金属股份有限公司
翟保金	大冶有色金属有限公司
熊柏青	北京有色金属研究总院
颜学柏	陕西有色金属控股集团有限责任公司
戴云俊	锡矿山闪星锑业有限责任公司
黎 云	中铝贵州分公司

　　有色金属是重要的基础原材料，广泛应用于电力、交通、建筑、机械、电子信息、航空航天和国防军工等领域，在保障国民经济建设和社会发展等方面发挥了不可或缺的作用。

　　改革开放以来，特别是新世纪以来，我国有色金属工业持续快速发展，已成为世界最大的有色金属生产国和消费国，产业整体实力显著增强，在国际同行业中的影响力日益提高。主要表现在：总产量和消费量持续快速增长，2008 年，十种有色金属总产量 2 520 万吨，连续七年居世界第一，其中铜产量和消费量分别占世界的 20% 和 24%；电解铝、铅、锌产量和消费量均占世界总量的 30% 以上。经济效益大幅提高，2008 年，规模以上企业实现销售收入预计 2.1 万亿以上，实现利润预计 800 亿元以上。产业结构优化升级步伐加快，2005 年已全部淘汰了落后的自焙铝电解槽；目前，铜、铅、锌先进冶炼技术产能占总产能的 85% 以上；铜、铝加工能力有较大改善。自主创新能力显著增强，自主研发的具有自主知识产权的 350 kA、400 kA 大型预焙电解槽技术处于世界铝工业先进水平，并已输出到国外；高精度内螺纹铜管、高档铝合金建筑型材及时速 350 km 高速列车用铝材不仅满足了国内需求，已大量出口到发达国家和地区。国内矿山新一轮找矿和境外矿产资源开发取得了突破性进展，现有 9 大矿区的边部和深部找矿成效显著，一批有实力的大型企业集团在海外资源开发和收购重组境外矿山企业方面迈出了实质性步伐，有效增强了矿产资源的保障能力。

　　2008 年 9 月份以来，我国有色金属工业受到了国际金融危机的严重冲击，产品价格暴跌，市场需求萎缩，生产增幅大幅回落，企业利润急剧下降，部分行业已出现亏损。纵观整体形势，我国有色金属工业仍处在重要机遇期，挑战和机遇并存，长期发展向好的趋势没有改变。今后一个时期，我国有色金属工业发展以控制总量、淘汰落后、技术改造、企业重组、充分利用境内外两种资源，提高资源保障能力为重点，推动产业结构调整和优化升级，促进有色金属工业可持续发展。

实现有色金属工业持续发展，必须依靠科技进步，关键在人才。为了全面提高劳动者素质，培养一大批高水平的科技创新人才和高技能的技术工人，由中国有色金属工业协会牵头，组织中南大学出版社及有关企业、科研院校数百名有经验的专家学者、工程技术人员，编写了《中国有色金属丛书》。《丛书》内容丰富，专业齐全，科学系统，实用性强，是一套好教材，也可作为企业管理人员和相关专业大学生的参考书。经过编写、编辑、出版人员的艰辛努力，《丛书》即将陆续与广大读者见面。相信它一定会为培养我国有色金属行业高素质人才，提高科技水平，实现产业振兴发挥积极作用。

康义

2009 年 3 月

前　言

　　锌粉及合金锌粉,是铅锌产业重要的产品之一。近年,伴随着我国铅锌产业的蓬勃发展,锌粉及合金锌粉的产能也迅猛增长。提高生产技术水平、节能降耗,将成为该产品保持旺盛生命力的重要课题。

　　本书从基本原理出发,侧重生产应用,对我国锌粉及合金锌粉的生产技术现状做了系统的介绍。重点介绍了蒸馏锌粉生产、精馏锌粉生产、冶金还原用电炉锌粉生产、冶金还原用喷吹锌粉生产、碱性电池锌粉生产等技术的原理、工艺流程、主要设备特点、主要技术经济指标及操作经验。同时也介绍了相关的粉末冶金知识及生产中的安全防护等。

　　本书共分7章,第1、7章由郭天立(中冶葫芦岛锌业股份公司)编写,第2、3章由徐红江(中冶葫芦岛锌业股份公司)编写,第4章由熊家政、赵涛、鲁志昂(株洲火炬工业炉有限责任公司)共同编写,第5章由杨如中(中冶葫芦岛锌业股份公司)、郭天立、李勇(株洲火炬工业炉有限责任公司)共同编写,第6章由周炳利(辽宁省葫芦岛市经济合作办公室)编写。

　　本书适用于锌粉生产企业的工人、技术人员和管理人员,也可供大、中专学校、职业培训学校的教师和学生以及相关研究、设计人员参考。

　　在本书的编写过程中,中南大学出版社领导和编辑们给予了非常具体的指导和帮助,也得到了中国有色金属工业协会、葫芦岛锌业股份公司、株洲火炬工业炉有限责任公司各级领导的大力支持,特别是周炳利教授级高级工程师利用业余时间完成了大量的工作,所有编者都表现出了极好的合作精神。在此,一并表示衷心的感谢。

　　受编者工作范围和技术水平的限制,书中难免有错误和片面之处,敬请广大读者和同仁提出宝贵意见。

郭天立

2010 – 11 – 11

目　录

CNMS

第1章 概 论

1.1 粉体材料的界定

关于粉体材料,并没有严格的定义。一般情况下,固体物质的外观尺寸在 1 mm 以下的材料,称为粉体材料。

粒度是粉体材料最具代表性的特性之一,粒度的单位,除采用国际单位毫米(mm)外,实际中习惯采用泰勒标准筛制表示。

泰勒标准筛制的单位为网目数(mesh,简称目)。网目数同时表示了筛网的孔径和粉体的粒度。所谓网目数是指筛网 1 英寸(25.4 mm)长度上的网孔数。目数越大,网孔越细。由于网孔是网面上丝间的开孔,每一英寸上的网孔数与丝的根数应相等,所以网孔的实际尺寸还与丝的直径有关。如果以 m 代表目数,a 代表网孔尺寸,d 代表丝径,则其间关系为:

$$m = \frac{25.4}{a+d}$$

泰勒标准筛制的网目数与毫米的对照关系见表 1-1。

表 1-1 泰勒筛制的网目数与毫米对照表

泰勒标准筛目数/目	筛孔宽度/mm	泰勒标准筛目数/目	筛孔宽度/mm
14	1.140	80	0.175
16	0.970	100	0.147
20	0.850	115	0.124
24	0.752	150	0.104
28	0.605	170	0.089
32	0.495	200	0.074
35	0.417	250	0.061
42	0.351	270	0.053
48	0.295	325	0.043
60	0.246	400	0.038
65	0.208		

1.2 粉体材料的主要性能

实践中，通常将粉体材料的性能分为化学成分、物理性能和工艺性能三类介绍。

化学成分主要指粉末中主成分的含量和杂质的含量。金属粉末的化学分析与常规的金属试样分析方法相同。

物理性能主要包括颗粒形状、粒度及粒度组成、比表面积、颗粒密度、粉末体密度等。

工艺性能主要包括松装密度、振实密度、流动性等。

1.2.1 颗粒形状

颗粒形状是指粉末颗粒的几何形状。可将粉末试样均匀分散在玻璃试片上，用放大镜或各式显微镜进行观察，也可以用图像分析仪进行分析。颗粒形状可以笼统地划分为规则形状和不规则形状两大类。规则形状的颗粒外形可近似地用某种几何形状的名称描述，它们与粉末生产方法密切相关。

一般来说，准确地描述粉末颗粒的形状是很困难的。在测定和表示粉末形状时，常采用表面形状因子、体积形状因子和比形状因子来近似地表述。

直径为 d 的均匀球体，其表面积和体积分别为 $S = \pi d^2$ 和 $V = (\pi/6)d^3$，其中的系数 π 和 $\pi/6$ 就称为球的表面形状因子和体积形状因子。对于任意形状的颗粒，其表面积和体积可以认为与某一相当的直径的平方和立方成正比，而比例系数则与选择的直径有关。如果用投影面径 d_a 代表直径，则表面积和体积分别为 $S = fd_a^2$ 和 $V = kd_a^3$，两者的比值 f/k 称为比形状因子。

对于规则的球形颗粒，$f = \pi$，$k = \pi/6$，$f/k = 6$。其他形状颗粒 f/k 均大于 6。形状愈复杂，则比形状因子就愈大。表 1-2 列出了某些金属粉末的近似形状与比形状因子的关系。

表 1-2 某些粉末的近似形状与比形状因子的关系

粉末名称	颗粒形状	f	k	f/k
		$\pi(3.14)$	$\pi/6(0.524)$	6.0
雾化锡粉	近球形	2.90	0.4	7.3
不锈钢粉	多角形	2.65	0.36	7.4
钨粉	不规则角形	3.37	0.45	7.5
铝粉	长球形	2.75	0.32	8.6
铝-镁合金粉	多角形	2.67	0.25	10.7
电解铜粉	树枝状	2.32	0.18	12.9
电解铁粉	细长不规则形	2.73	0.15	18.2
铝箔	薄片状	1.60	0.02	80.0

1.2.2 粒度和粒度组成

用直径表示颗粒大小称为粒径或粒度。由于组成粉末的无数颗粒不可能同样大小，因此又用不同粒径的颗粒占全部粉末的百分含量来表示颗粒大小的状况，称为粒度组成，也称粒度分布。

粒度仅指单个颗粒，而粒度组成则指整个粉末体。通常所说的粒度包含有粉体平均粒度的意思，具有统计学平均粒径的含义。

粉末粒度的测定方法很多，但每种方法都依据固定的测量原理，因此都有一个最佳的粒度测定范围，如表1-3所示。

表1-3 常用的粒度测量方法及其粒度测量范围

测量原理	方法	适用的粒度测量范围/μm
机械或超声振动显微镜	筛分	5~800
	光学	0.5~100
	电子	0.001~50
电阻率	库尔特计数器	0.5~800
	电敏感区	0.1~2000
沉降	沉降仪	0.1~100
	罗勒分析器	5~40
	空气粉尘粒度测定仪	2~300
光散射	光散射粒度测定仪	2~100
光遮蔽	光遮蔽粒度测定仪	1~9000
透过性	费歇尔亚筛粒度分析仪	0.2~50
表面积	气体吸附(BET)	0.01~20

1.2.3 比表面积

比表面积是粉末体的一种综合性质，是由单颗粒性质和粉末体性质共同决定的。

粉末比表面积定义为1g质量的粉末所具有的总表面积，单位为m^2/g。

粉末比表面积是粉末的平均粒度、颗粒形状和颗粒密度的函数。测定粉末比表面积通常采用吸附法和透过法。

（1）吸附法

利用气体在固体表面的物理吸附测定物质的比表面积的方法称为吸附法，其原理是：测量吸附在固体表面上气体单分子层的质量或体积，再由气体分子的横截面积计算1g物质的总表面积，即得克比表面积。

气体被吸附是由于固体表面存在剩余力场，根据这种力的大小和性质不同，分为物理吸附和化学吸附。前者是范德华力起作用，气体以分子状态被吸附；后者是化学键力起作用，相当于化学反应，气体以原子状态被吸附。物理吸附常在低温下发生，而且吸附量受气体压力的影响较显著。建立在多分子层吸附理论上的BET法是低温氮气吸附法，属于物理吸附。这种方法已广泛应用于比表面积的测定。

（2）透过法

透过法根据利用介质的不同，分为气体透过法和液体透过法。液体透过法只适用于粗粉末或孔隙较大的多孔性固体，如金属过滤器，在粉末测试中应用得很少。

气体透过法是测定气体透过粉末床层的透过率来计算粉末比表面积或平均粒径的方法。根据常压气体通过粉末床层的流速、压力降与粉末床层的孔隙率、几何尺寸及粉末表面积等参数的关系，可以推导出来，这种参数关系经过修正也可以推广应用于低压气体。

气体透过法是当前测定粉末及多孔材料的比表面积，特别是测定亚筛级粉末平均粒度的重要工业方法。

气体透过粉末床层的透过率或所受的阻力，与粉末的粗细或比表面积的大小有关。粉末愈细，比表面积愈大，对流体的阻力也愈大，因而单位时间内透过单位面积的流体量就愈小，也就是说，当粉末床层的孔隙度不变时，气体通过粗粉末比通过细粉末的流量大。透过率或流量是容量测量的，所以只要找出它们与粉末比表面积的定量关系，就可以得到粉末的比表面积，这种关系前人已经推导出来。这就是气体透过法测量粉末比表面积的原理。

1.2.4 松装密度和振实密度

松装密度是粉末试样自然地充满规定的容器时，单位容积的粉末质量，单位为 g/cm^3 或 kg/m^3。

振实密度是将粉末装入振动容器中，在规定的条件下振动，直到粉末的体积不再减小时所测得的粉末密度，单位为 g/cm^3 或 kg/m^3。一般振实密度比松装密度高 20% ~ 50%。

松装密度是粉末自然堆积的密度，因而取决于颗粒间的黏附力、相对滑动的阻力以及粉末体孔隙被小颗粒填充的程度、粉末体的密度、颗粒形状、颗粒密度和表面状态、粉末的粒度及粒度组成等因素。粉末颗粒形状愈规则，其松装密度就愈大；颗粒表面愈光滑，松装密度也愈大；粉末颗粒愈粗大，其松装密度就愈大；细粉末形成拱桥和互相黏附妨碍了颗粒相互移动，故粉末的松装密度减小。粉末颗粒越致密，松装密度就越大。粉末粒度范围小的粗细粉末，松装密度都较低。当粗细粉末按一定比例混合均匀后，可获得最大松装密度，因为粗颗粒之间的大孔隙可被一部分细颗粒填充。

1.3 粉体材料的生产方法

粉体材料的生产方法有许多种，大致上可分为三类：机械法、物理化学法和雾化法，也可以把雾化法纳入机械法。

机械法制取粉末是将原材料机械地粉碎而化学成分基本上不发生变化的工艺过程。

物理化学法则是借助化学的或物理的作用，改变原材料的化学成分或聚集状态而获得粉末的工艺过程。物理化学法包括电解法、还原法、液相法、气相法等方法。

1.3.1 机械粉碎法

机械粉碎法也称固相法，是用磨细来制造粉末体的方法。磨机种类多种多样，如球磨、旋涡研磨、高能球磨、冷气流破碎等。

粉碎的物料可以是金属（包括有色金属）、金属氧化物及铁合金、合金钢等。产生粒子的形状也多种多样，有不规则的、盘状的、近球形的，粒度为 10 ~ 500 μm。

1.3.2 雾化法

将熔化的物料用较高压力的气体(空气或惰性气体)或水,喷到料上使之分散似雾状的方法为雾化法。这种方法应用得较多,处理的物料可以是金属、合金钢、各种合金等。产生的粒子为近球形、不规则形、球形,粒度为 20 ~ 1000 μm。

雾化法又大致分为气体雾化法、水雾化法、旋转圆盘雾化法和旋转电极雾化法几种。

1.3.3 电解法

电解法分水溶液电解和熔盐电解两种,处理的物料为金属、合金,得到的粒子为树枝状晶体或不规则粒子,粒度为 150 ~ 1000 μm。

1.3.4 还原法

这是以金属氧化物为原料生产金属粉末的方法,包括气体还原法、金属热还原法、碳还原法等,产生的粉末有海绵状、近球形状,粉末的粒度小于 150 μm。

1.3.5 液相法

在水溶液中将金属化合物沉淀,有的成凝胶,再干燥处理而制成粉末的方法,或在水溶液中用高压氢还原,也有将金属盐溶液以雾状喷入高温气体中干燥成粉,或氧化成氧化物粉的方法为液相法。

这种方法应用广泛,以生产化合物粉末为多,粒径小于 150 μm,甚至达到纳米级。水溶液还原还可得到金属粉。

1.3.6 气相法

气相法是先将原料转变为气体,然后(冷凝)转化为固体粉末的方法。气体的转化,有单纯转化,也有化学反应转化。处理的原料可以是金属、合金或化合物。

原料转化为气体的加热方式也有很多种,如电阻加热、高频感应加热、等离子体加热、电子束加热、激光加热、电弧加热,甚至一次能源(煤、天然气等)加热。

转化的环境有常压,也有真空。该方法也有广泛的应用,产生的粉末粒度可以细到纳米级。

1.4 锌粉的分类与用途

实际上,锌粉并没有一个分类的标准,按锌粉的主要用途可分为以下几类。

(1)冶金还原用锌粉

该类锌粉主要是利用锌的标准电极电位比许多重金属都负的性质,在重金属溶液中将比锌电位正的金属离子置换(还原)出来。

这类锌粉可以是纯度(主品位)较高的锌粉,也可以是纯度不很高(含金属锌 90% 以上)甚至有意添加一些微量有益元素(如铅、锑等)的锌粉。这类锌粉的粒度一般为 0.175 ~ 0.043 mm。

（2）电池材料用锌粉

由于锌的负电性特征，又价廉易得，在化学电源中是应用最多的一种负极材料，如锌 - 二氧化锰（$Zn - MnO_2$）干电池等。这类锌粉基本是添加了微量有益元素的合金锌粉，粒度一般为 0.121 ~ 0.074 mm。

（3）防腐用锌粉

锌的用途很广泛，但一半左右用于腐蚀防护领域，锌作为保护层覆盖在钢材或钢铁制品表面上。

镀锌是钢铁腐蚀最有效的防护方法之一。锌镀层对钢铁的保护作用主要体现在以下方面：

①镀锌层可以避免钢材和腐蚀介质直接接触。

②当镀锌层出现钢铁暴露点或因腐蚀或机械损伤后露出钢铁基体时，钢铁基体与镀锌层就会构成微电池。由于锌比铁活泼，所以镀锌层充当微电池的阳极被腐蚀，铁则成为微电池的阴极而受到保护。

③当镀锌层因选择性溶解出现较小的不连续间隙时，镀锌层因为形成腐蚀产物而发生体积膨胀，使得间隙愈合从而阻碍电化学反应的进一步发展。

镀锌层广泛用于钢铁材料的腐蚀防护。在获得镀锌层的途径中，有两种与锌粉有关：

①粉末法渗锌。渗锌镀层比其他镀层具有较高的硬度和耐磨性。渗锌层与铁的电位差比锌与铁的电位差小，作为阳极保护层，渗锌层具有更好的防护效果。渗锌层在大多数中性和微碱性介质中耐蚀性较好，还可以改善钢的耐腐蚀疲劳性能以及提高钢在含硫化氢气流中的耐蚀性。渗锌层主要用于弹簧、紧固件、钢管以及需要严格控制尺寸误差的零部件。

②喷镀锌层。其最大特点是厚度没有限制。虽然喷镀层稍微粗糙多孔，但仍能起到保护作用。喷锌层可用于现场保护各种形状、大小的部件，特别适合于无法移动的大型结构如桥梁、建筑结构等的防护，但不适合带沟、槽和内孔的零件。在一些要防护的部件结构大、设备和场地受到限制，喷镀方法无法采用的情况下，富锌油漆就成为最有效的方法。富锌油漆尤其适合一些特大型结构如房屋和海洋工程中的钢结构、浮动码头、水塔、桥梁、压力容器外壳、船壳等。该法具有方便、灵活的优点，欠缺是保护期限不是很长。

防腐用锌粉一般都具有较高的纯度，同时粒度要求都较细，至少要达到 - 0.043 mm。

1.5 锌粉的主要生产方法

锌粉的生产方法与其他粉体材料的生产方法基本相同。一般来说，生产方法与用途有关。不同的用途，要求锌粉具有某些特殊性质，也就诞生了相应的生产方法。

1.5.1 冶金还原用锌粉的生产方法

实践中，冶金还原用锌粉，根据企业的客观条件会选择两类方法：一是喷吹法，二是气相凝聚法。

（1）喷吹法

这一方法一般使用粗锌做原料，在加热条件下，把原料粗锌熔化，再使用高压空气在特定的条件下将液体锌破碎并同时凝固为粉末。加热设备可以是反射炉，使用煤气、天然气等为燃料，也可以是电炉。高压风通过特殊设计的喷嘴实现液体锌的破碎。喷吹法的核心技术是喷嘴的设计，使用不同的喷嘴生产的锌粉粒度差异很大。喷嘴为非标设备，并不被广泛掌握，致使该技术的推广受到限制。该法在同一台熔炼炉内可以安装多套喷嘴，所以产量可调，可以实现大产量生产。同时，由于工艺机理上是高压风破碎液体锌，不必像气相冷凝法那样要使锌先蒸发变成锌蒸气，所以生产工艺是比较节能的。

喷吹法以粗锌甚至是商品锌（如阴极锌片）为原料，这类原料只要稍做加工就可以成为商品。制成锌粉返回冶金还原过程使用，相当于整体冶金生产过程中中间品的循环使用，这一点对资源的合理利用是不利的。

对于生产合金锌粉而言，喷吹法又有其有利的一面。这是因为，熔融的液体锌合金可以实现充分的合金化，经过高压风（或惰性气体）的物理破碎，不会改变合金的组成（即不会造成合金偏析），可以生产成分稳定均匀的合金锌粉。在这方面，喷吹法相比其他的锌粉生产方法具有明显的优势。

（2）气相凝聚法

这种方法基本上采用两种工艺：电炉法和蒸馏法。

①电炉法。以各种含锌的氧化物为原料，可以是硫化锌精矿经过焙烧后的氧化锌矿，也可以是天然氧化锌矿，还可以是各种冶金过程中（或其他工业过程）产生的含锌的氧化物中间产品。

原料在以石墨为电极的电弧炉内熔化，氧化锌与熔体中的焦炭反应产生锌蒸气蒸发，原料中的其他杂质（如铁等）与熔体中的造渣剂（如石灰石、石英石等）反应并造渣脱除。锌蒸气从炉内导出，并在特定的冷凝器内冷凝变成锌粉。

电炉法以次级氧化锌物料为原料直接生产锌粉，不但可以有效使用杂料，而且属直接法生产锌粉，不必像其他方法那样在已经提炼为粗锌后再制锌粉返回使用，所以是资源合理使用又节能的流程。

电炉法生产锌粉，在锌蒸气冷凝成锌粉前的冶金过程，基本上等同于电炉炼锌过程，所以在电炉内的冶金反应中，一些容易被碳还原并挥发的元素（如铅、镉等）也会有一部分随锌一起蒸发并冷凝，所以该法产出的锌粉，主品位一般会视所处理原料的杂质情况而有不同程度的降低。实践证明，虽然所产锌粉的主品位没有其他锌粉高，但并不会影响冶金还原的置换过程。相反，由于原料中基本上都会有少量的铅，致使锌粉中也会含有一定量的铅。这种"含铅合金锌粉"对于置换一些含有超电位的金属杂质（如钴、镍等），具有比"纯锌粉"更优的效果。

电炉法生产锌粉，其锌蒸气的冷凝系统也有特殊的结构，可以保证产出 $-0.121\ \text{mm}$ 甚至更细的锌粉，完全能够满足冶金还原反应的需要。

对于有原料（杂料）来源保障的企业，采用电炉法生产锌粉，是一种很好的选择，符合循环经济的原则。

②蒸馏法。蒸馏法生产锌粉是以粗锌为原料。首先把锌熔化蒸发成锌蒸气，锌蒸气在特定的冷凝装置内冷凝为锌粉的冶金过程。蒸馏法生产锌粉，使用的加热热源为煤气或天然气。对于缺少该类热源的企业，该法不适用。

从反应机理和过程来讲，蒸馏法属于间接法，且需将锌先蒸发为锌蒸气，所需能耗较高。蒸馏法相比喷吹法在能耗上没有优势，相比电炉法在原料的选择上也缺乏优势。

但是，蒸馏法可以通过技术条件的控制，生产出粒度相当细的锌粉，很容易达到 -0.043 mm。更细的锌粉，通过技术手段也一样可以实现。显然，使用蒸馏法生产锌粉用于冶金还原过程，能耗稍高，且锌粉质量是过剩的。该方法生产的锌粉以追求粒度细为目标，应用于冶金还原以外的其他领域（如作为防腐漆生产的添加剂等），具有明显的优势。

1.5.2 化学电源（干电池）用锌粉的生产方法

化学电源（干电池）用锌粉，俗称电池锌粉，是合金锌粉的一种，且对锌粉的粒度及粒度分布有特殊的要求。

理论上讲，电解法、雾化法（包括离心雾化法）等都可以生产此类锌粉。这类方法的共同特点是：在一定程度上可以控制产品的粒度。同时，电池锌粉需要添加有益的合金元素，该类方法对于合金锌粉成分的均匀稳定有利。

实践上，电池锌粉采用雾化法生产的居多。雾化法虽然在一定程度上可以控制锌粉的粒度及粒度组成，但要实现自由控制在现阶段是做不到的。

从技术角度讲，不断改进完善雾化法，包括开发新的生产方法，以实现对锌粉粒度的自如控制是未来努力的方向，同时研究更宽范围内的粒度组成在电池领域的自如使用也不失为一种好的研究方向。

1.5.3 化工防腐用锌粉的生产方法

化工防腐用锌粉，对金属锌含量及粒度均有特殊要求，粒度至少在 -0.043 mm 以下，也有的用户对颗粒形状提出特殊要求。近年该类锌粉有逐渐要求更细的趋势，属于超细甚至纳米锌粉范畴。

该类锌粉的生产，一般为间接法，要求以达到一定纯度的锌锭为原料。其生产方法，以气相凝固法居多。

超细乃至纳米锌粉的生产方法，与用途密切相关。根据用途不同，除对粒度有要求外，对颗粒形状也有要求，其生产方法均在纳米粉体的生产方法内。

这类锌粉的开发与使用，国内还比较薄弱，是未来发展的方向之一。

1.6 锌粉标准

1.6.1 标准范围

本标准规定了锌粉的要求、试验方法、检验规则及包装、标志、运输和贮存。

本标准适用于以金属锌或锌物料为原料，用蒸馏法、雾化法、电热还原法生产的金属锌粉，主要供涂料、染料、冶金、化工及制药等工业部门使用。

1.6.2 引用标准

引用标准有：

GB/T 1715—1979 颜料筛余物测定法。

GB/T 5314—1985 粉末冶金用粉末的取样方法。

GB/T 6524—1986 金属粉末粒度分布的测定 光透法。

1.6.3 标准要求

（1）产品分类

锌粉按化学成分分为一级、二级、三级、四级四个等级。

锌粉按粒度分为 FZn30、FZn45、FZn90、FZn125 四种规格。

（2）化学成分

锌粉的化学成分应符合表 1-4 的规定。

表 1-4 锌粉化学成分标准

等级	化学成分/%					
	主品位不小于		杂质不大于			
	全锌	金属锌	Pb	Fe	Cd	酸不溶物
一级	98	96	0.1	0.05	0.1	0.2
二级	98	94	0.2	0.2	0.2	0.2
三级	96	92	0.3	—	—	0.2
四级	92	88	—	—	—	0.2

注：以含锌物料为原料生产的四级锌粉，其含硫量应不大于0.5%。

（3）粒度及筛余物

锌粉的粒度应符合表 1-5 的规定。

表 1-5 锌粉粒度标准

规 格	筛余物，不大于		粒度分布/%，不小于	
	最大粒径/μm	含量/%	30 μm 以下	10 μm 以下
FZn30	45	—	99.5	80
FZn45	90	0.3	—	—
FZn90	125	0.1	—	—
FZn125	200	1.0	—	—

锌粉用作与饮用水接触的涂料时，杂质铅和镉的含量应分别不大于0.01%。

生产立德粉用的锌粉，铅含量可不做规定；生产保险粉用的锌粉，除金属锌和筛余物外，其他成分可不规定。

需方如对化学成分或粒度有特殊要求时，由供需双方商定。

（4）外观

锌粉外观呈灰色，锌粉内不应混入外来夹杂物。

1.6.4　试验方法

（1）化学成分分析方法

锌粉的化学成分仲裁分析方法按国标 Na_2EDTA 滴定法测定全锌量、金属锌量、光焰原子吸收光谱法测定铅量、光焰原子吸收光谱法测定铁量、光焰原子吸收光谱法测定镉量、质量法测定酸不溶物含量、质量法测定硫量的规定进行。

（2）粒度的测定方法

锌粉粒度分布的仲裁测定方法按 GB/T 6524 中光透法的规定进行。

锌粉筛余物的仲裁测定方法按 GB/T 1715 中甲法的规定进行。

1.6.5　检验规则

（1）检查和验收

锌粉由生产厂家技术监督部门进行检验，保证产品质量符合本标准的规定，并填写质量证明书。

需方应对收到的产品按本标准的规定进行检验，如检验结果与本标准的规定不符时，应在收到产品之日起30天内向供方提出，由供需双方协商解决。如需仲裁，仲裁取样在需方共同进行。

（2）组批

锌粉应成批提交验收，每批应由同一规格、等级的锌粉组成（若干个生产批构成一个检验批的时间应不超过7天）。每批净重不超过5 t。

（3）检验项目

每批锌粉应进行化学成分、粒度和外观的检验。

（4）仲裁取样和制样

仲裁取样方法按 GB/T 5314 的规定进行。

将所有试样混匀，并缩分至1 kg，均匀分成4等份，1份供供方分析用，1份供需方分析用，1份供仲裁分析用，1份备用。

（5）检验结果判定

化学成分的仲裁分析结果与本标准规定不符时，该批为不合格品。

粒度的仲裁测定结果与本标准规定不符时，该批为不合格品。

锌粉的颜色与本标准规定不符时，该批为不合格品；有外来夹杂物时，该桶为不合格品。

1.6.6　包装、标志、运输和贮存等

（1）包装

锌粉用铁桶包装，内衬塑料袋，袋口用绳扎紧，桶盖应牢固并密封，每桶净重分为25 kg、40 kg、50 kg。需方如有特殊要求时，由供需双方商定。

（2）标志

包装桶表面应涂上不易脱落的颜色标志，各包装桶的颜色标志规定如下：

规 格	颜色标志
FZn30	黑色
FZn45	黄色
FZn90	绿色
FZn125	蓝色

包装桶上应注明：生产厂名称及厂址，产品名称，净重，注册商标，防潮、防火、轻放标志。

每个包装桶上应有产品合格证，其上注明：生产厂名称及厂址，产品名称，批号，牌号、等级，标准编号，生产日期。

（3）运输和贮存

锌粉在运输过程中应防潮、防火、轻放，避免撞击和跌落。

锌粉应贮存在通风、干燥、防火的库房内。

（4）质量证明书

每批锌粉出厂时应附有产品质量证明书，其上应注明：生产厂名称及厂址，产品名称，批号，牌号、等级、批净重和桶数，主要技术指标检验结果及技术监督部门印记，标准编号，出厂日期。

（5）使用说明书

每批锌粉出厂时应附有产品使用说明书，说明书内一般应包括下列内容：产品特点，主要用途及适用范围，主要参数，使用注意事项，生产厂名称、厂址等。

（6）订货单内容

本标准所列材料的订货单（或合同）内应包括下列内容：产品名称，牌号，等级，数量，本标准编号、代号，其他。

1.6.7 锌粉化学成分的测定

锌粉化学成分的测定主要包括：

①Na_2EDTA 滴定法测定全锌量。

②Na_2EDTA 滴定法测定金属锌量。

③光焰原子吸收光谱法测定铅量。

④光焰原子吸收光谱法测定铁量。

⑤光焰原子吸收光谱法测定镉量。

⑥重量法测定酸不溶物含量。

⑦重量法测定硫量。

1.7 锌粉的粒度分级

1.7.1 分级原理

目前工业化使用的分级方法主要有：旋流式分级、干式机械分级（叶轮式，旋流式）、碟式分级及卧螺式分级。这些分级方法都是基于重力场和离心力场进行分级的。

(1)重力场分级原理

重力场分级是根据层流状态下的斯托克斯定律，在分级过程中，假设流场是按层流状态进行，并假设超细固体颗粒呈球形，在介质中是自由沉降。因此可认为在分级过程中，这种超细球形颗粒在自身重力场作用下，在介质(气体或液体)中沉降时单一颗粒所受到的介质阻力 F_p 为

$$F_p = 3\pi\eta vd \qquad (1-1)$$

式中：η 为介质黏度/(Pa·s)；d 为颗粒的直径/m；v 为颗粒的沉降速度/(m·s^{-1})。

单一颗粒所受到的重力 F_g 为

$$F_g = \frac{\pi}{6} \cdot d^3(\delta - \rho)g \qquad (1-2)$$

式中：d 为颗粒的直径/m；δ 为颗粒的密度/(kg·m^{-3})；ρ 为介质的密度/(kg·m^{-3})；g 为重力加速度/(m·s^{-2})。

颗粒在介质中自由沉降时，沉降速度逐渐增大，与此同时所受到的阻力也增大，因而自由沉降加速度也逐渐减小。当介质的阻力等于颗粒的重力时，其沉降加速度为零，沉降速度保持恒定。这一定速称之为颗粒的沉降末速 v_0，此时，$F_p = F_g$，整理后为

$$v_0 = \frac{\delta - \rho}{18\eta}gd^2 \qquad (1-3)$$

式(1-3)表明，当被分级的物质及所采用的介质一定(即 δ、ρ、η 一定)时，沉降末速只与颗粒的直径大小有关。因此，根据不同直径的颗粒的末速差异，可对颗粒大小不同的颗粒进行分级。上式是基于假设流场为层流，颗粒呈球形，在介质中是以自由沉降形式进行。这些与实际情况都有较大差异。对于大颗粒物料来说，往往颗粒形状影响较大，因此实际应用式(1-3)时要引入形状修正系数(可从有关文献中获得)。对于超细颗粒来说，形状因素可忽略不计，但其在沉降过程中往往要受到较多干扰，应属于干涉沉降。对于同一颗粒，其干涉沉降的末速度往往较自由沉降时末速度小，因此对上式需进行修正。

(2)离心力场分级原理

由上述沉降末速度的表达式(1-3)可知，当被分级的物质、介质及颗粒的粒径都相同时，要提高颗粒的沉降末速度，关键是要提高重力加速度 g。

颗粒在离心力场中所受到的离心力 F_c 为

$$F_c = \frac{\pi d^3}{6}(\delta - \rho)\omega^2 r \qquad (1-4)$$

式中：ω 为颗粒的旋转角速度/(rad·s^{-1})；r 为颗粒的旋转半径/m。

式(1-4)表明，对于一定的颗粒及一定的介质，其受到的离心力随旋转半径 r 和旋转角速度 ω 增大而增大，ω 的增大效果最明显。在离心沉降过程中，对于同一颗粒所受到的介质的阻力 F_p 为

$$F_p = k\rho d^2 v_r^2 \qquad (1-5)$$

式中：k 为阻力系数；v_r 为颗粒的径向运动速度/(m·s^{-1})。

当介质的阻力与离心力达到平衡时，颗粒在离心力场中的沉降速度达最大值且为恒速 v_{0r}，v_{0r} 可由 $F_c = F_p$ 导出：

$$(\delta - \rho)\frac{\pi d^3}{6}\frac{v_t^2}{r} = k\rho d^2 v_{0r}^2 \qquad (1-6)$$

当颗粒极细时，可采用斯托克斯阻力公式近似代替，即

$$k\rho d^2 v_{0r}^2 \approx 3\pi\eta d v_{0r} \tag{1-7}$$

代入式(1-6)得

$$v_{0r} = \frac{d^2\omega^2 r}{18\eta}(\delta-\rho) \tag{1-8}$$

定义：$j=\omega^2 r/g$，为离心分离因素，并将离心加速度 $a=r\omega^2$ 代入式(1-8)得

$$v_{0r} = \frac{d^2 a}{18\eta}(\delta-\rho) = \frac{d^2 jg}{18\eta}(\delta-\rho) \tag{1-9}$$

从式(1-9)可以看出，当被分级的物质一定，介质一定，介质的黏度一定，离心加速度或分离因素一定时，颗粒的离心沉降速度只与颗粒的直径大小有关。因而可采用离心力场根据颗粒离心沉降速度的不同，对颗粒大小不同的颗粒进行分级。当被分级的物料及介质的各种特性一定时，提高颗粒的离心沉降速度的关键是提高离心加速度 a 或分离因素 j。

对于超细颗粒来说，可将其非球形直径 d 按式(1-10)经验值换算成当量球体直径 d_c

$$d_c = (0.7\sim0.8)d \tag{1-10}$$

考虑到颗粒在较浓的悬浮液中是以阻滞沉降进行，其沉降速度远小于自由沉降时的速度，因此，要引入经验修正系数 $(1-\lambda)^{5.5}$，其中 λ 为悬浮液中固相颗粒的容积浓度。

对于浓悬浮液中的超细颗粒，在离心力场作用下，其离心沉降速度可按下式(1-11)计算。

$$v_{0r} = (1-\lambda)^{5.5}\frac{d_c^2 jg}{18\eta}(\delta-\rho) \tag{1-11}$$

式(1-11)指出，当其他条件一定时，提高离心沉降速度的关键是要提高分离因素 j。

(3)分级效率与分级精度

分级效率是评判一种分级方法优劣的重要指标，在工业化应用中，这一指标十分重要。对于某一分级方法即使分级出的产品分布范围很窄，但分级效率很低，在工业化生产中仍无实际应用价值。

分级效率通常有如下几种表示方法，即部分分级效率、总分级效率、牛顿分级效率、分级精度(又称锐度)、理查德分级效率和粒级效率曲线等。

①部分分级效率 $E(d_i)$。它是指分级出的产品中粒径为 d_i 的颗粒的质量占分级给料量中粒径为 d_i 的颗粒的质量分数。部分分级效率 $E(d_i)$ 可用式(1-12)表示。

$$E(d_i) = d_{R1}/d_{R2} \tag{1-12}$$

式中：d_{R1} 为分级出的产品中粒径为 d_i 的颗粒的含量；d_{R2} 为分级给料量中粒径为 d_i 的颗粒的含量。

②总分级效率 E。它是指分级出的产品的总质量占分级给料量的质量分数，可用下式表示

$$E = \frac{W_1}{W} \tag{1-13}$$

式中：W_1 为分级出的产品总量；W 为分级的总给料量。

③牛顿分级效率(η_N)。它在实际应用中经常采用，是一种最经典的分级效率表示方法。其计算公式如下

$$\eta_N = \frac{细粒中实有的粗粒量}{原料中实有的粗粒量} - \frac{细粒中实有的细粒量}{原料中实有的细粒量}$$

设 Q 代表被分级的原料总量；Q_1 代表原料中粗粒量；Q_2 代表原料中细粒量。m、n、p 分别代表原料、粗粒级部分和细粒级部分中实有的粗粒级物料的百分含量，则有

$$Q = Q_1 + Q_2 \tag{1-14}$$

$$Q_m = Q_{1n} + Q_{2p}$$

将式(1-14)代入牛顿分级效率的计算公式并整理得

$$\eta_N = \frac{(m-p)}{m(1-m)} - \frac{(n-m)}{(n-p)} \tag{1-15}$$

式(1-15)是经常用来计算牛顿分级效率的具体公式。

④分级精度 S_{75}^{25}。经常是用相当于分配率为 75% 和 25% 的粒度 d_{75} 和 d_{25} 来表示，即

$$S_{75}^{25} = d_{75}/d_{25} \tag{1-16}$$

式中：d_{25} 为产品中颗粒累积质量分数为 25% 时的颗粒粒径；d_{75} 为产品中颗粒累积质量分数为 75% 时的颗粒粒径。

通常 S_{75}^{25} 之值越大，分级精越高。

⑤理查德(Richard)分级效率。理查德分级效率(η_N)也是较早采用的一种分级效率计算方法，计算方法如下

$$\eta_R = \frac{粗粒产物中的粗粒量}{原料中的粗粒量} \times \frac{细粒产物中的细粒量}{原料中的细粒量} \tag{1-17}$$

(4)各种分级效率与分级精度表达方法的评价与建议

评价分级效果的优劣由分级效率来衡量。理想分级是把颗粒在分级点彻底地分开，即小于分级粒径的颗粒不混杂在粗粒产品中，大于分级粒径的颗粒不混杂在细粒产品中，这时分级效率应为 100%。如果仅把原样分成两部分，每部分的粒度分布均与原样完全相同，这称之为分割，分割的分级效率就视为 0%。然而，实际分级是介于两者之间，衡量分级效果优劣的分级效率，要能定量确定分级的清晰程度，并能全面完整地评价真实分级效果。

牛顿分级效率计算法，符合理想分级时效率为 100%，分割时效率为 0%，是比较好的分级效率计算法。理查德分级效率计算法，符合理想分级时效率为 100%，但分割时效率不为 0%，且不是定值。规范化粒级效率曲线切割粒径点的斜率 $(\mathrm{d}\eta D_p^*/\mathrm{d}D_p^*)D_{p-1}^*$ 只符合分割时效率为 0%，但且不符合理想分级时效率为 100%。

为此，通常采用粒级效率曲线切割粒径点的斜率对应的正弦来评价分级效率，即

$$\sin[\arctan((\mathrm{d}\eta D_p^*/\mathrm{d}D_p^*)D_{p-1}^*)]$$

这种表示既符合理想分级时效率为 100%，又符合分割时效率为 0%，而且粒级效率曲线通常均要测定，便于使用。另外分级精度(锐度)d_{25}/d_{75} 也基本符合两种分级极端情况的效率值。

(5)分级极限与分级粒径

不同的分级设备有不同的分级极限。在工程上通常理解为，分级极限是指某一特定设备对粉体进行分级时，实际所能获得的最小粒度限度。因此，在工程上往往将它与分级设备所能达到的最小分级粒径相联系，有时甚至互用。分级粒径有时又称切割粒径或中位分离点，它是评判某一分级设备技术性能的一个很重要的指标，也是实际生产中设备选型的一个重要

依据。

分级粒径的确定有图解法和计算法两种,在工程上较实用且易理解的是计算法。计算法可结合不同的分级设备的具体形式,根据其物理和数学模型推导出直观的和实用的具体计算公式。为了便于理解以及以后应用与分析问题方便,以下分别对涡轮式气流分级机、水力悬流器、沉降式离心机等分级设备的分级粒径计算方法和公式进行推导。

①涡轮式气流分级机的分级原理及分级粒径。

图1-1中圆形表示分级叶轮的截面,气流以虚线表示,P 交于叶轮表面上的某一点。叶轮平均半径为 R,颗粒粒径为 d,密度为 γ。颗粒在 P 点上受两个相反力的作用,即由叶轮旋转而产生的离心惯性力 F 和气流阻力 T。这两个力可以分别用下列方程表示

$$F = \frac{\pi}{6}d^3(\gamma - \rho)\frac{v_t^2}{R} \qquad (1-18)$$

$$T = 3\pi\eta dv_r \qquad (1-19)$$

图1-1 涡轮式气流分级机分级原理

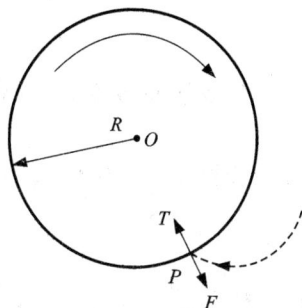

当颗粒所受离心惯性力大于阻力,即 $F > T$ 时,颗粒沿叶轮方向飞向器壁,然后由分级机底部排出机外,成为粗粒级产品;当离心惯性力小于阻力,即 $F < T$ 时,颗粒随中心气流从排出管排出;当颗粒所受到的力 $F = T$ 时,理论上颗粒将绕半径为 R 的分级圆轨道连续不停地旋转。此时,颗粒的直径称为分级粒径 d_T。由此得

$$d_T = \frac{1}{v_t}\sqrt{\frac{18\eta R v_r}{\gamma - \rho}} \qquad (1-20)$$

式中:d_T 为分级粒径/m;R 为分级轮平均半径/m;γ 为物料密度/$(kg\cdot m^{-3})$;ρ 为气流密度/$(kg\cdot m^{-3})$;v_t 为叶轮平均圆周速度/$(m\cdot s^{-1})$;v_r 为气流速度/$(m\cdot s^{-1})$;η 为空气黏度/$(Pa\cdot s)$。

式(1-20)仅适用于球形颗粒,对于非球形颗粒需引入形状修整系数 P_s 后得

$$d_T = \frac{P_s}{v_t}\sqrt{\frac{18\eta R v_r}{\gamma - \rho}} \qquad (1-21)$$

将叶轮转速 $n = 60\frac{v_t}{2\pi R}(r/min)$ 代入式(1-20)得

$$d_T = \frac{9.55}{n}\sqrt{\frac{18\eta v_r}{R(\gamma - \rho)}} \qquad (1-22)$$

由式(1-22)可知,要获得较细的分级产品,关键是要降低分级粒径。提高叶轮转速 n,增大分级叶轮直径 $2R$,提高被分级物料密度,减小气流速度 v_r,减小气流的黏度和密度等,可使分级粒径 d_T 降低,获得较细的产品。然而,对于某一型号的分级设备及物料与介质而言,其上述参数往往是固定的。此时的分级粒径就是该设备对这种物料的分级极限。即该设备所获得的分级产品的粒径下限最低值,就是此条件下的分级粒径 d_r。从理论上讲,要想获得比粒径下限更低的产品是不可能的。

②水力旋流器的分级原理及分级粒径。水力旋流器的分级粒径是在如下假定条件下确定的,即与重力场中的水力分级机类比,只有那些回转半径小于溢流管半径的颗粒才能进入到溢流管中;并假定微细颗粒在自由沉降条件下运动。则位于溢流管辖方圆柱体上的临界颗粒,径向沉降速度可用斯托克斯公式表示

$$v_{\mathrm{rou}} = \frac{d_T^2(\gamma - \rho)}{18\eta R_{\mathrm{ou}}} U_{\mathrm{tou}}^2 \qquad (1-23)$$

式中：U_{tou} 为颗粒在溢流管下方的切向运动速度，大约与液流的切向速度相等/$(\mathrm{m \cdot s^{-1}})$；$R_{\mathrm{ou}}$ 为颗粒在溢流管下方的回转半径/m。

在溢流管下方圆柱面上颗粒的向心速度为

$$U_{\mathrm{tou}} = \frac{q}{2\pi R_{\mathrm{ou}} h_{\mathrm{ou}}} \qquad (1-24)$$

式中：h_{ou} 为分级液面的高度，理论上为溢流管下缘到锥壁的轴向距离，实际上取锥体高度的 2/3。

对于分级粒径 d_T，存在 $v_{\mathrm{rou}} = U_{\mathrm{rou}}$，因此得

$$d_T = \sqrt{\frac{9\eta Q}{\pi(\gamma - \rho) h_{\mathrm{ou}} U_{\mathrm{tou}}^2}} \qquad (1-25)$$

式中：Q 为料浆流量/$(\mathrm{kg \cdot s^{-1}})$；$\eta$ 为料浆黏度/$(\mathrm{Pa \cdot s})$；γ 为颗粒密度/$(\mathrm{kg \cdot m^{-3}})$；$\rho$ 为介质密度/$(\mathrm{kg \cdot m^{-3}})$。

料浆在入口处的速度 U_{tf} 与给料口直径 d_{f} 的关系为 $U_{\mathrm{tf}} = 4Q/\pi d_{\mathrm{f}}^2$；$U_{\mathrm{tou}}$ 随 U_{tf} 增大而增大，其关系如下

$$U_{\mathrm{tou}} = \psi_{\mathrm{x}} U_{\mathrm{tf}} = \psi_{\mathrm{x}} \frac{4Q}{\pi d_{\mathrm{f}}^2} \qquad (1-26)$$

式中：ψ_{x} 为速度变化系数，与旋流器的结构尺寸有关，但总有 $\psi_{\mathrm{x}} > 1$。将式（1-26）代入式（1-25），得

$$d_T = \frac{0.75 d_{\mathrm{f}}^2}{\psi_{\mathrm{x}}} \sqrt{\frac{\pi\eta}{Q h_{\mathrm{ou}}(\gamma - \rho)}} \qquad (1-27)$$

对于水力旋流器，减小给料直径及浆料黏度和介质的密度，或增大浆料流量、分级液面的高度、颗粒的密度都可使分级粒径降低，即可获得较细的产品。

③沉降离心机的分级粒径。对于离心沉降分级，分级（割）粒径 d_T 是相当于转鼓一半的液池容积能沉降下来的颗粒。对于柱形转鼓，分割此一半液池容积的半径 R_{e} 按式（1-28）计算

$$\pi(R_2^2 - R_{\mathrm{e}}^2) = \pi(R_{\mathrm{e}}^2 - R_1^2) \qquad (1-28)$$

由式（1-28）可知

$$R_{\mathrm{e}} = \left(\frac{R_2^2 + R_1^2}{2}\right)^{\frac{1}{2}} \qquad (1-29)$$

式中：R_2 为转鼓的半径/m；R_1 为液层表面与转鼓中心轴的距离/m。

这样，直径 d_T 或 d_{50} 的颗粒从 R_{e} 处沉降到鼓壁（$R = R_2$）所需的时间 t_1 应等于其在转鼓内的停留时间 t_2，t_1 和 t_2 为

$$t_1 = \int_{R_{\mathrm{e}}}^{R_2} \frac{\mathrm{d}R}{V} = \frac{g}{v_0\omega^2} \int_{R_{\mathrm{e}}}^{R_2} \frac{\mathrm{d}R}{R} = \frac{g}{v_0\omega^2} \cdot \ln\frac{R_2}{R_1} \qquad (1-30)$$

$$t_2 = \pi L(R_2^2 - R_1^2)/Q = V/Q \qquad (1-31)$$

由 $t_1 = t_2$ 及 $V_0 = k d_T^2$，可得 d_T 或 d_{50} 的计算公式

$$d_T = \sqrt{\frac{gQ}{Vk\omega^2} \ln\frac{R_2}{R_{\mathrm{e}}}} \qquad (1-32)$$

式中：Q 为离心机的处理量/$(kg \cdot h^{-1})$；V 为转鼓液池容积/m^3；$k = \frac{\gamma - \rho}{18\eta}g$；$\omega$ 为转鼓角速度/$(rad \cdot s^{-1})$。

将式$(1-29)$ R_e的值代入式$(1-32)$后可求得柱形转鼓的 d_T 值。其他形式的转鼓以同样方法求得 R_e 后，再用式$(1-32)$求 d_T 或 d_{50}。

式$(1-32)$指出，增大转鼓角速度、转鼓的半径及转鼓液池的容积都可降低分级粒径，因而可获得更细的产品。

1.7.2 锌粉分级技术

锌粉冷凝系统产出的锌粉须经粒度分级后才能成为供工业使用的合格锌粉，本工序的任务是把粗粉分级为适合工业应用的不同粒级的锌粉产品。锌粉分级主要有两种方法：一种是机械筛分，一种是气流筛分。

（1）机械筛分

就是采用旋振筛或直线筛把粗粉分成不同粒级的产品，筛上物返炉，合格产品送到储仓或装入包装容器中。其主要设备有锌粉储仓、星型卸料阀、振动筛、布袋收尘器等。机械筛分具有效率低、分级不彻底、工人劳动强度大，但投资省的特点。

（2）气流分级

气流分级机由锌粉储仓、给料系统、两级涡轮分级机、旋风收尘、布袋收尘器及制氮系统组成。粗粉在由料钟进入锌粉储仓时，由格栅把≥10 mm 的块料除去，集中收集后返回备料系统；≤10 mm 毛粉进入锌粉储仓，再由进料装置送入自分流分级区进行第一次分级，大部分粗颗粒被分离，细粉夹带少量粗颗粒被上升氮气带入两级涡轮分级区进行二次分级，细粉通过分级轮进入捕集器收集，粗颗粒从分级机排料阀排出，氮气流夹带的细颗粒经旋风收尘和布袋收尘后全部回收，无尘氮气返回自分流分级区循环利用。工艺流程如图 1-2 所示。

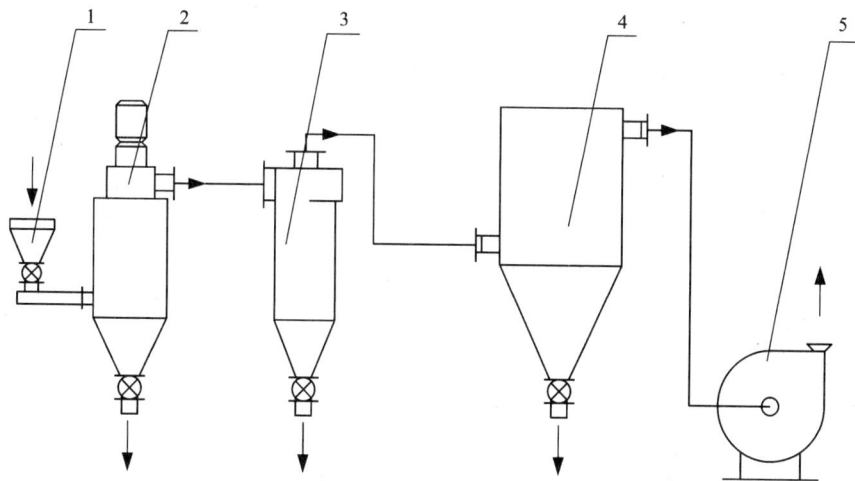

图 1-2 锌粉气流分级工艺流程
1—进料装置；2—分级主机；3—旋风收集器；4—脉冲式收集器；5—引风机

气流分级系统具有如下优点：

①高效低耗，同样处理量，能耗比机械筛分机低，分级效率提高 50% 以上。

②高精度，分级细度高，彻底杜绝产品中过大颗粒及筛余物。

③负压生产，无粉尘污染，环境优良。

④分级过程氮气保护，无锌粉燃烧、爆炸的危险。

由于气流分级的诸多优越性，在行业内受到了广泛关注，随着大功率电炉锌粉生产线的投运，气流分级将逐步取代传统的机械筛分。

第2章 蒸馏锌粉生产

蒸馏锌粉的生产工艺，可以分为两种，即蒸馏法生产锌粉工艺和精馏法生产锌粉工艺。

这两种工艺都是采用固体锌为原料，只是在对杂质的要求上有着区别：蒸馏法更适应杂质含量较高，尤其是铁含量较高的原料；精馏法由于采用的是以碳化硅为材质的精馏塔作为锌传热、蒸发的设备，所以对原料的要求较为严格，尤其是原料中的铁。由于铁在高温下能与碳化硅发生反应，破坏碳化硅塔盘，所以对原料中的铁含量有着严格的要求。

在用途方面，蒸馏锌粉由于粒度主要为 0.121 mm，它的使用主要在冶金还原上，可以有效地还原溶液中的金属。

2.1 蒸馏原理

物质由液态转变为气态的过程称为蒸发；由固态转变为气态的过程称为升华。在冶金学中，常把蒸发和升华统称为挥发。而把与挥发相反的过程称为凝结或凝聚。液态的物质在温度 T（注：T 为热力学温度，单位为 K，它与摄氏温度 t 之间的换算关系为 $T = t + 273$）时，转变为气态，并达到平衡，其气相物质的蒸气压称为该物质在温度 T 时的饱和蒸气压，简称蒸气压，它表示在一定温度下物质的挥发能力。物质的蒸气压可以通过实验测定，也可以由热力学数据进行计算。锌及其他金属的蒸气压与温度的关系见图 2−1。

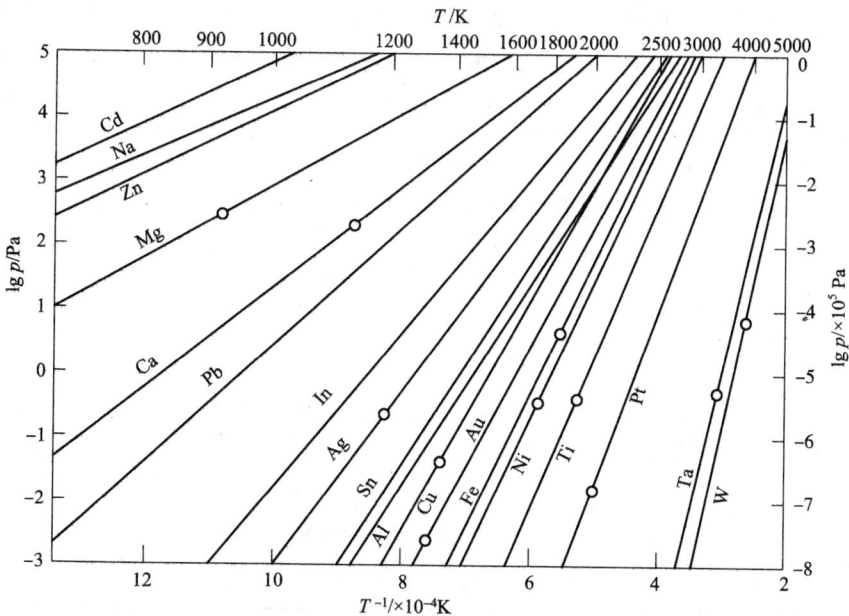

图 2−1 锌及其他金属的蒸气压（图中"○"代表金属的熔点）

在图 2-1 中，镉的蒸气压远远大于锌和铅的蒸气压；而锌的蒸气压也大于铅、铁的蒸气压。如果锌中含铅为 12%，在锌的沸点温度 1180 K（907℃）时，这种合金中锌的蒸气压 p_{Zn} 为 101 kPa。在此温度下，铅的蒸气压 p_{Pb} 为 2.9×10^{-3} kPa，从这些数据来看，合金中锌的蒸气压比铅的蒸气压大得多，这样便可使锌、铅分离。用同样的方法也可以分离锌与铁、铜、铟、锡等蒸气压小的金属。

Zn-Pb 的气-液平衡组成列于表 2-1。铅、锌的沸点分别为 1525℃、907℃。在铅、锌二元合金中，随着合金中铅的含量增加，粗锌的沸点升高。加入蒸馏炉中的粗锌，其中铅的含量并不高，可以把粗锌的沸点看作纯锌的沸点。但是当粗锌中的部分锌已蒸发后，流至蒸馏炉下部的粗锌中铅的含量便会增加，因而沸点也就相应提高。不过，在蒸馏炉下部的残余金属仍以锌为主，高沸点的铁、铅、铜的含量仍然在 10% 以下。所以只要保证蒸馏炉内的温度在 1100℃ 左右，就能保证锌完全蒸发。

表 2-1 Zn-Cd-Pb 气液相的平衡成分

编号	液 相			沸点/℃	气 相		
	N_{Zn}	N_{Cd}	N_{Pb}		N_{Zn}	N_{Cd}	N_{Pb}
1	0.231	0.693	0.077	775	0.096	0.903	0.86×10^{-5}
2	0.429	0.429	0.143	809	0.220	0.780	2.8×10^{-5}
3	0.600	0.200	0.200	846	0.422	0.579	8.3×10^{-5}
4	0.200	0.600	0.200	791	0.105	0.895	2.2×10^{-5}
5	0.333	0.333	0.333	826	0.204	0.760	6.5×10^{-5}
6	0.429	0.143	0.429	869	0.519	0.481	16.0×10^{-5}
7	0.077	0.693	0.231	784	0.042	0.958	2.0×10^{-5}
8	0.143	0.429	0.429	812	0.123	0.877	4.8×10^{-5}
9	0.200	0.200	0.600	860	0.317	0.683	14.8×10^{-5}

从表 2-1 中的气相平衡数据和图 2-2 Zn-Pb 系二元相图可以看出，在合金的沸点下，气相中铅的含量是不高的，可以认为铅在蒸馏炉中完全不挥发而留在残余金属中。

2.2 熔析原理

熔析精炼的原理是基于锌、铅、铁熔点和密度的不同，通过控制一定的温度，而使它们分层分离开来。三者的密度见表 2-2。

表 2-2 锌、铅、铁密度

金属	Zn	Pb	Fe
密度/(g·cm⁻³)	6.92	11.34	7.87

当温度在 1063 K（即 790℃）以上，锌和铅能以任何比例相互溶解为均质合金，图 2-2 为 Zn-Pb 系的相图。

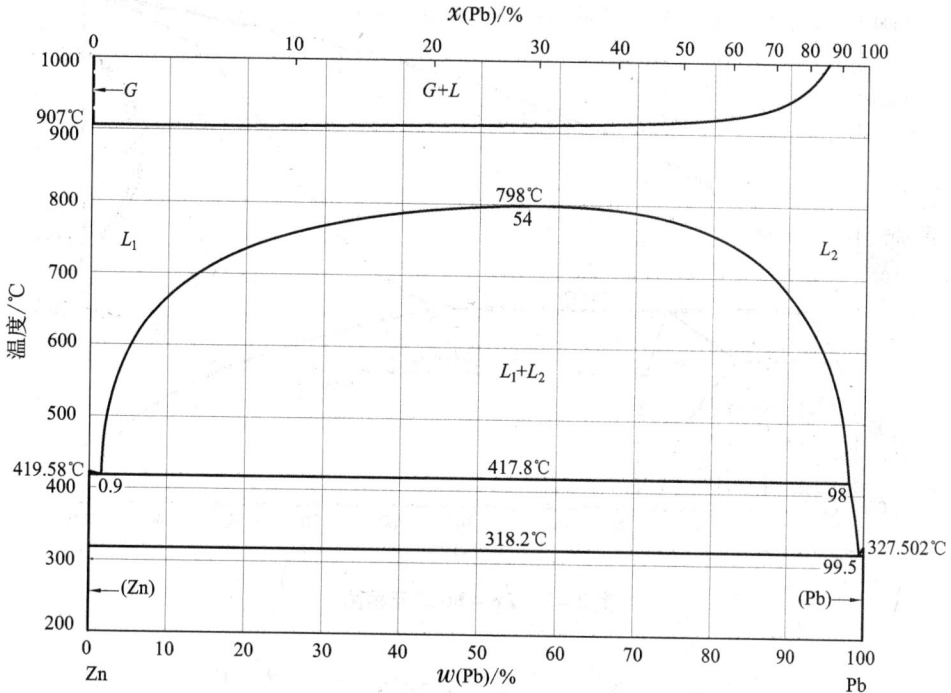

图 2-2　Zn-Pb 二元相图

从图中可以看出，当温度低于 1063 K 时，液态锌铅合金分为两层，上层是含有少量铅的锌，下层是含少量锌的铅；而且随着温度的逐渐降低，上层的含锌量会越来越高，锌在上层不断富集；同样下层的铅含量也逐步增加。因此，只要控制适当的熔析温度便会使锌、铅分离，从而得到 B#锌（又称无镉锌，位于上层）和粗铅（位于下层）。至于铁，也随着熔析温度而变。如图 2-3 的 Zn-Fe 系相图所示，锌铁化合物主要以 ζ（FeZn$_7$）、δ 等化合物的形态溶于馏余锌中。随着温度的降低，会不断有 α-Fe、ζ（FeZn$_7$）等物质析出，锌铁分离愈来愈好。冷却时以糊状结构硬锌析出，使锌铁分离。熔析炉的结构示意图见图 2-4。

2.3　蒸发凝聚法原理

蒸发凝聚法是采用不同加热方式加热制粉金属原料，使之产生蒸气蒸发。当达到饱和状态时发生凝聚形核反应，从而形成粉末的方法。这种制粉方法涉及金属的蒸发、形核、晶核长大、粉末形状和粒度控制等理论。

2.3.1　金属的蒸发规律

加热方法不同，金属的蒸发速度、饱和蒸气压的高低差异很大，这会直接影响到粉末的产率和产量，而粉末的形成、生长过程对粒度及粒度分布有重要影响。

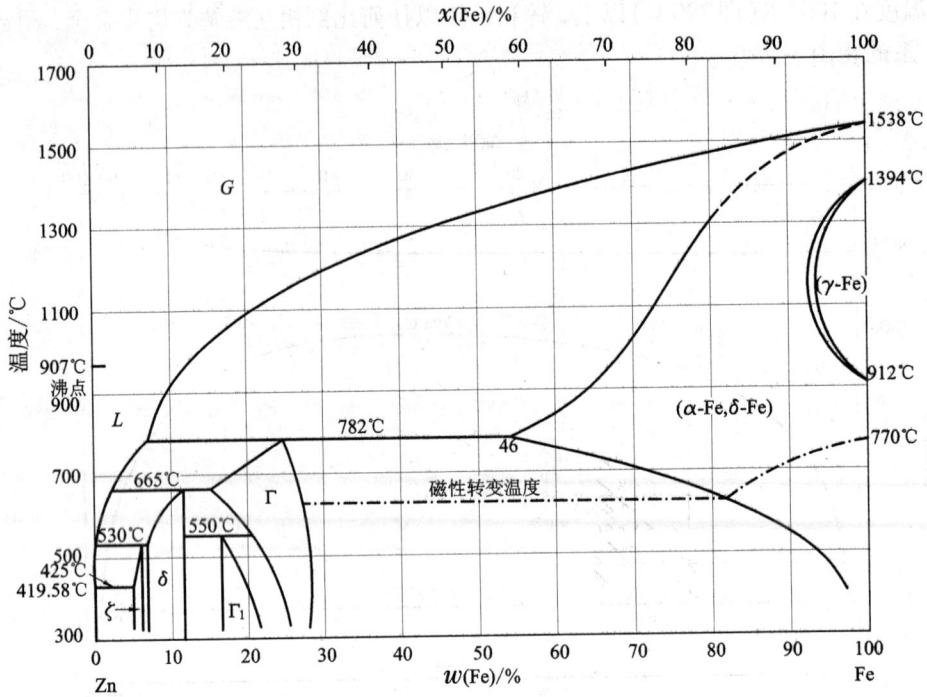

图 2 – 3　Zn – Fe 二元相图

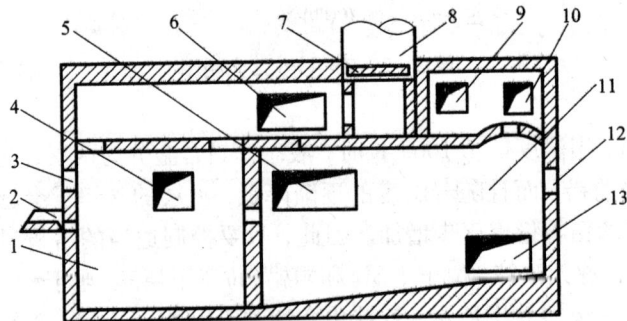

图 2 – 4　熔析炉结构

1—小池；2—出锌口；3、10—煤气入口；4—小池门；5—大池门；6—废气道；
7—废气拉砖；8—烟囱；9—空气进口；11—大池；12—扫除口；13—过道

为了提高粉末产率，应尽可能提高金属的蒸发速率。所谓蒸发速率是指单位时间内、单位面积金属表面蒸发的金属量，单位是 g/(m²·s)。

(1)纯金属的蒸发速率

一般来说，在真空中金属的蒸发速率在分子流条件下(分子间无碰撞)可由 Langmuir 方程确定

$$W_g = \alpha p_s \sqrt{\frac{M}{2\pi RT}} \qquad (2-1)$$

式中：α 为凝集系数(金属的 $\alpha \approx 1$)；M 为金属的摩尔质量；R 为气体常数；p_s 为温度 T 时金

属的饱和蒸气压。

图 2-5 给出了真空条件下金属的蒸气压与蒸发温度之间的关系曲线，图 2-6 给出了真空条件下金属的蒸发速率与蒸发温度之间的关系曲线。在相同的温度下，不同金属的饱和蒸气压由大到小的顺序为

As > Cd > Zn > Mg > Sb > Ca > Bi > Mn > Ag > Al > Sn > Cu > Si > Cr > Fe > Ni > Co > Ti > W

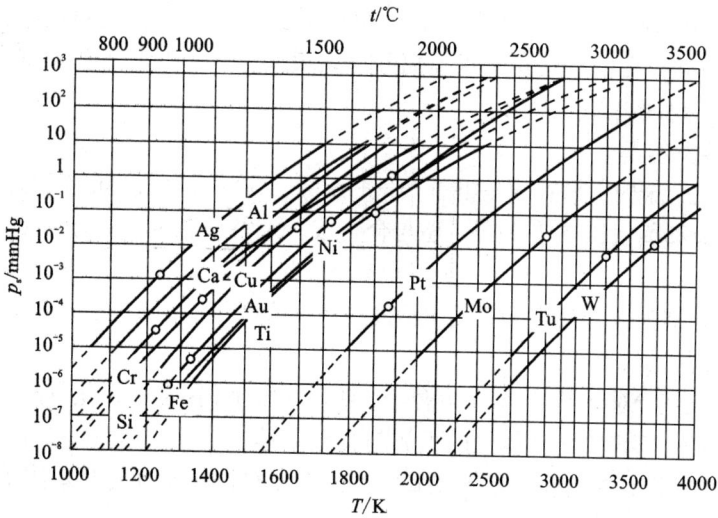

图 2-5　金属在 1000~4000 K 的饱和蒸气压（"○"处为熔点）

（注：1 mmHg = 101.325 Pa）

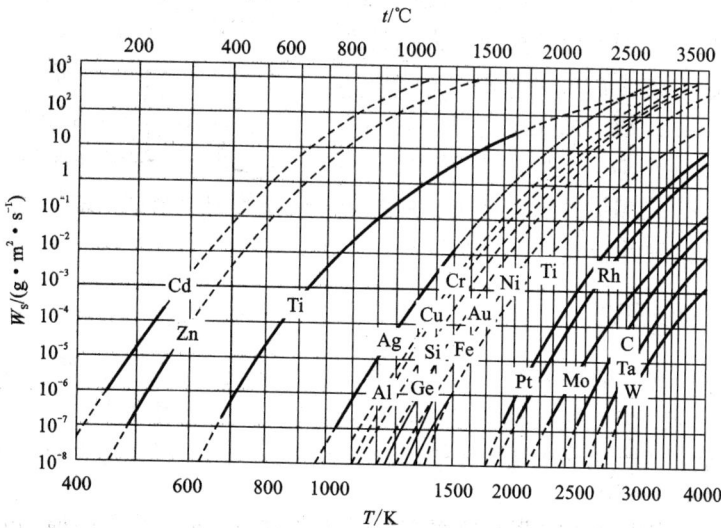

图 2-6　金属在 1000~4000 K 的蒸发速率

当蒸发室内残存气体分子时，金属蒸气原子与残存的气体分子相互碰撞，一部分金属原子在碰撞后返回熔体表面，从而降低了金属的有效蒸发速率。当蒸发室的真空度在 10^{-4} Pa

以上时，蒸气原子在飞行过程中很少遇到残存气体分子，可以顺利到达沉积基体，因而得到的是金属薄膜。而在低真空度的蒸发室内，蒸气原子由于与气体分子碰撞而形成粉末。

当蒸发室内含有一定量的惰性气体时，蒸发速度 W_g 可由式(2-2)计算

$$W_g = (p_s - p)\sqrt{\frac{M}{2\pi RT}} \qquad (2-2)$$

式中：p 为蒸发表面的金属蒸气压。

由公式可知，p 值越低则蒸发速度越快。可以采用两种方法达到目的：一是在蒸发面附近形成大的温度梯度，促使蒸气原子迅速离开蒸发表面；也可以加强蒸发室内的气体对流速度以促使蒸气原子迅速离开蒸发面。

(2)合金的蒸发速率

在高温下蒸发合金时，得到的是混合蒸气，组元 i 在混合蒸气中的分压 p_i 除了与该组元在给定温度下的饱和蒸气压 p_i° 有关外，还与合金成分及特性有关。p_i 与 p_i° 之间有如下关系：

$$p_i = a_i p_i^\circ = x_i \gamma_i p_i^\circ \qquad (2-3)$$

式中：a_i、x_i、γ_i 分别为合金液中 i 组元的活度、摩尔浓度、活度系数；p_i° 表示组元 i 在给定蒸发温度下的饱和蒸气压。

公式(2-3)表明，对于给定成分的合金，组元的活度系数对其蒸气压的影响很大。当 $\gamma_i = 1$ 时，溶液为理想溶液，混合蒸气的组成与合金熔体的一致；当 $\gamma_i > 1$ 时，溶液为正偏差体系，混合蒸气中 i 组元的含量比合金的高；当 $\gamma_i < 1$ 时，溶液为负偏差体系，混合蒸气中 i 组元的含量比合金的低。

在实际蒸发过程中，混合蒸气的组成除了与合金特性、蒸发温度有关外，还与加热方式有关。对真空下合金熔体的蒸发过程研究结果表明，合金熔体的蒸发过程可以划分为四个阶段，即合金熔体内的组元向表面扩散、熔体表面原子蒸发、蒸发原子向周围环境中迁移、蒸气在冷基体表面凝聚。当采用电阻加热法蒸发合金时，由于熔体内基本上不存在对流现象或对流不够强烈，这样随着蒸发过程的进行，熔体表面成分与熔体内部的成分有明显不同，从而影响了合金蒸气的组成。采用感应电流加热合金时，熔体中的搅拌现象剧烈，可以使熔体对成分和温度均匀化，这样对于饱和蒸气压较高的组元，可以通过外加原料的形成方法来严格控制合金的成分。采用加热速度较快、加热温度较高的加热方式，由于蒸发温度高、加热速度快，这样混合蒸气的组成与合金成分基本一致。

2.3.2 蒸气形核理论

在蒸发过程中，蒸发表面的金属蒸气原子在温度梯度的作用下向低温区域扩散、冷却，迅速达到过饱和状态，发生凝聚形核反应。初生的晶核通过吸附蒸气原子而长大，当蒸气中晶核的密度较高时，还会相互碰撞而发生融合式的长大。纯金属在蒸发时粉末的形核过程可以用下述方程描述

$$nA = A_n \qquad (2-4)$$
$$A + A_n = A_{n+1} \qquad (2-5)$$
$$A_n + A_m = A_{n+m} \qquad (2-6)$$

式中：A_n 和 A_m 分别是含有 n 个和 m 个原子的晶核。

式(2-4)表示蒸气的凝聚形核反应，式(2-5)表示晶核吸附蒸气原子而长大的过程，式

(2-6)表示晶核间相互碰撞、融合而长大的过程。公式中 n、m 值的大小是由工艺条件决定的，通过调整工艺参数可以控制上述过程。

经典的蒸气形核速率 J 计算公式如式(2-7)所示

$$J = \frac{p}{(2\pi mkT)^{1/2}}(4\pi r^{*2})n\exp(-\Delta G^*/kT) = C\exp\left[\frac{16\pi\sigma^3 v^2}{3(kT)^3\ln^2(p/p_0)}\right] \quad (2-7)$$

式中：p 为实际的蒸气压；T 为绝对温度；p_0 为平衡蒸气压；σ 为晶核的表面能；r^* 为临界晶核半径；n 为单位体积蒸气中的原子数；C 为常数。

式中的指数项在室温下非常大。表 2-3 给出了根据经典形核理论蒸气的过饱和度对形核速率的影响。由式(2-7)和表 2-3 可知，J 对蒸气的过饱和度 $S(S=p/p_0)$ 的大小敏感。

表 2-3　过饱和度对形核速率的影响

过饱和度 S	H_2O: $\sigma = 73.4$ dyn/cm $T = 293$ K	2	3	4	5
形核速率 J/(个·cm^{-3})		8.0×10^{-56}	7.3×10^{-7}	1.2×10^6	3.0×10^{11}
过饱和度 S	Zn: $\sigma = 785$ dyn/cm $T = 773$ K	5	50	100	
形核速率 J/(个·cm^{-3})		1.06×10^{-236}	3.4×10^{-9}	2.2×10^{-6}	

注：1 dyn = 10^{-5} N。

2.3.3　粉末的生长机理

粉末的生长机理有吸附生长和融合生长两种。加热蒸发方式对粉末的生长过程有显著的影响，金属的蒸发方式不同，则蒸气的冷却、凝聚过程也不同。在金属蒸气中的不同区域，粒子的生长机理明显不同，如图 2-7 所示。在蒸发表面附近蒸气压虽然比较高，但过饱和度较低，形核速率低。随着与蒸发表面距离的增加，蒸气达到过饱和状态，发生形核反应，这时蒸气浓度较高但晶核密度还很低，晶核主要是以吸附长大的机制进行，生长速度与晶核表面积大小、蒸气的密度高低成比例。随着与蒸发表面距离的增加，区域温度逐渐降低，蒸气的过饱和度逐渐增大，则晶核密度迅速增加，这时晶核

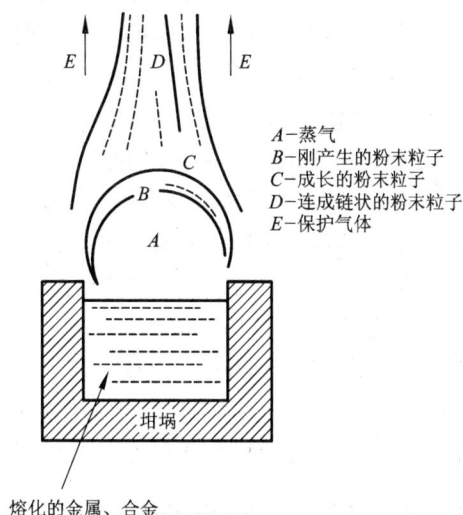

A—蒸气
B—刚产生的粉末粒子
C—成长的粉末粒子
D—连成链状的粉末粒子
E—保护气体

图 2-7　金属蒸气中粉末生长过程

不仅以吸附长大，晶核间还相互碰撞，发生融合长大。由于初生的晶核尺寸很小、表面活性高，且区域内的温度又很高，故一旦粒子间碰撞就可以迅速融合长大成尺寸较大的粒子。当与蒸发表面的距离很大、蒸气的密度很低时，晶核主要是以融合生长的方式长大，但当温度太低时融合生长过程停止。

融合生长机制是决定粉末平均粒度和粒径分布的主要因素。当金属蒸气中晶核密度很高时，相互之间发生碰撞。由于晶核的表面能高，为晶核间的融合长大提供了驱动力。特别是在形核初期，晶核与蒸发表面的距离较近，而初生晶核的表面能又很高，晶核间一旦发生碰撞，就可以迅速融合长大，粒子的尺寸取决于发生碰撞和融合的晶核数目。在远离蒸发源的区域，由于环境温度较低、粒子尺寸较大，粒子间融合长大的驱动力减小，因而融合长大的速度显著降低，结果形成的是团聚体（agglomerate）结构。团聚体内粒子间有时会形成烧结颈。团聚体形成后，粒子间碰撞的概率升高。最终形成的粉末粒子的形貌取决于粒子间的融合生长速度和团聚体的形成速度之间的竞争结果，如融合生长的速度高于团聚体的形成速度，则形成球形粒子；反之形成的是几个粒子的团聚体。粉末粒子长大时间的长短是粒子间能够发生融合长大的温度区间和区域大小以及粒子在该区域停留的时间决定的。装置内温度梯度越大，则生长区域的范围越小、粒子在该区域停留的形成时间越短，因而粒子的生长过程就被抑制。

在蒸气形核过程中，由于气流扰动和蒸气密度分布的不均匀性，晶核尺寸也不同，造成粒子的生长速度有差异，这是造成粒子粒径不均匀的主要原因之一。

2.3.4 粉末的粒度特征

在蒸发凝聚法中，影响粉末粒度特征的因素有蒸发温度、保护气体的种类和压力、蒸发源附近的温度梯度、装置的冷凝效果、气体的对流速度等因素。

保护气体的种类有 N_2、He、Ne、Ar、Xe。采用分子量较大的保护气体、在较高的压力下蒸发金属时，可以制得平均粒度较大的粉末。

蒸发表面附近温度梯度越大，蒸气越容易达到过饱和，过饱和度也越高，因此形核速率越大、晶核尺寸越小，同时晶核的生长过程受到抑制，这样粉末的粒径越小、粒径分布越窄。加强装置内气体的对流速度，可以将蒸发源附近的粒子迅速转移到低温区域，从而抑制粒子的长大和团聚体的形成。

装置内的氧含量对粉末粒子的粒度特点也有影响。由于粉末的表面活性很高，装置内微量氧气的存在就会导致粒子表面的氧化，形成氧化膜，这不仅会阻碍粒子吸附蒸气原子长大，而且还会阻碍粒子间的凝聚长大。因此，氧气的存在可以降低粉末的粒度。此外，在有氧气的环境中形成的粉末粒子一般为球形。

用于制备粉末的设备结构和尺寸对粉末的粒度和形貌的形成也有明显的影响。当设备的尺寸较小时，由于残余蒸气压逐渐升高，对金属的蒸发速率、粒子的生长过程均会产生不利影响。当设备尺寸较大时，装置的散热能力增强，温度梯度较大，残余蒸气压较低且升高的速度很慢，因此粉末的粒度和粒度分布均可以得到很好地控制。

2.3.5 提高粉末产率的方法

在粉末制备过程中，粉末的产率和产量取决于金属的蒸发速率和有效蒸发面积。蒸发温度越高、有效蒸发面积越大，粉末的产率也越大。在蒸发过程中，若金属中存在氧化物、氮化物、碳化物等杂质，它们会漂浮于液面上，减少有效蒸发面积；若杂质的蒸气压很高的话，还会给蒸发产物中带来杂质。

加强装置的冷却效果，在蒸发源与粉末收集器之间制造大的温度梯度，加速金属蒸气的

凝聚和离开蒸发源的速度。但切向吹风时气流对金属液面有冷却降温作用，不利于蒸发的
进行。

2.4　原料

蒸馏锌粉采用的原料可以是用各种冶炼方法生产的粗锌，大多主要以竖罐炼锌过程生产
的蒸馏锌和竖罐炼锌精馏过程产生的高镉锌提镉后的粗锌为原料。

竖罐炼锌过程生产的蒸馏锌和竖罐炼锌精馏过程产生的高镉锌提镉后的粗锌，具有成分
稳定、价格便宜的优点。采用这类原料可以保证蒸馏或精馏炉运行稳定、锌粉品质稳定、炉
体寿命延长、修炉费用减少。

2.4.1　蒸馏锌

竖罐炼锌的生产工艺主要是硫化锌精矿焙烧后经过蒸馏、精馏后产出精锌，工艺流程图
见图 2 - 8。

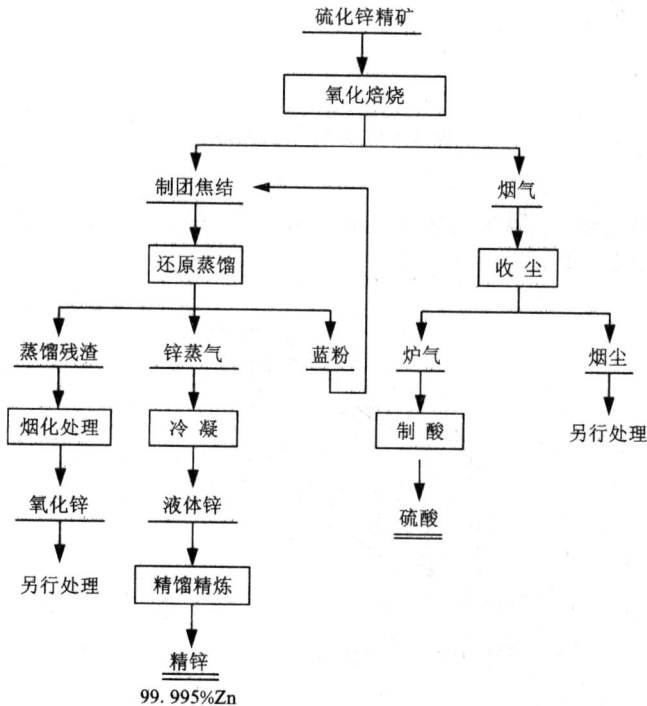

图 2 - 8　竖罐炼锌流程

蒸馏炼锌的生产方法是：硫化锌精矿经氧化焙烧后产出氧化矿，氧化矿添加黏合剂和洗
煤后制成球团干燥进焦结炉焦结为焦结矿。焦结矿在蒸馏炉顶部加入，经上延部后进入竖罐
开始氧化锌的高温还原，还原过程中矿球自上向下运动，还原出来的锌蒸气自下向上运动，
锌蒸气经倾斜部导入冷凝器，在冷凝器内锌蒸气被转子扬起的锌雨捕集成液体锌，冷凝后的
废气(含 CO > 68%)经洗涤除尘后导入煤气系统，还原后的渣球由蒸馏炉下延部排出，蒸馏
炼锌工艺流程如图 2 - 9 所示。

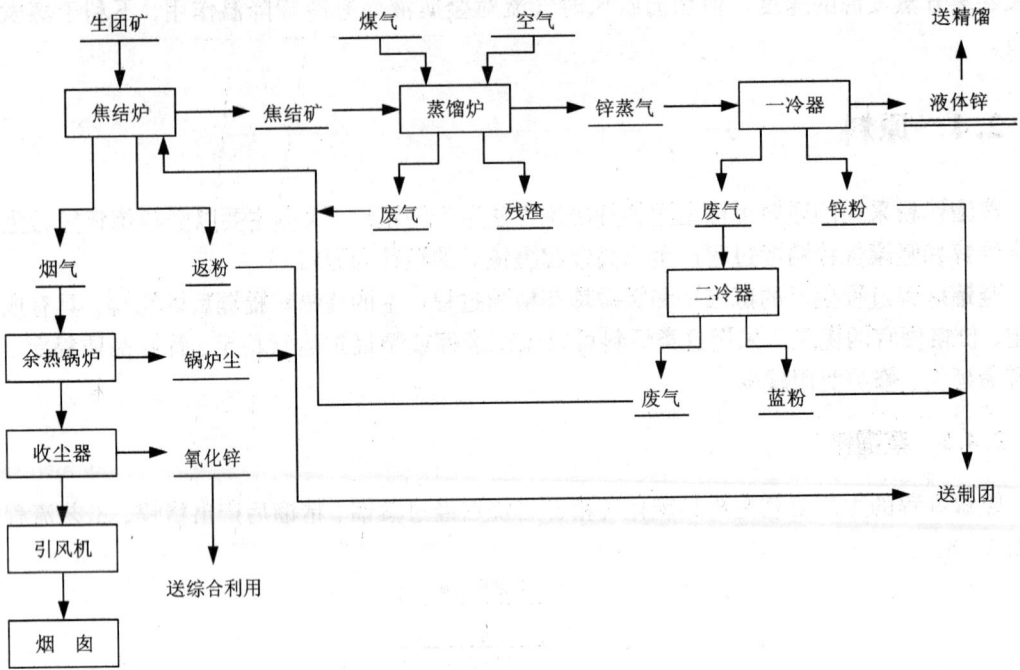

图 2-9 蒸馏工艺流程

竖罐蒸馏炉简称竖罐，主要由上延部、罐本体、下延部、燃烧室、换热室、加排料设施等组成。炉体结构如图 2-10 示。

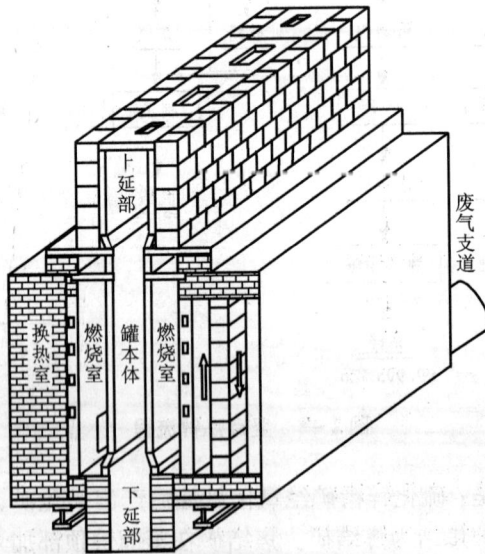

图 2-10 Z112-12 型炉结构

蒸馏锌品质标准见表 2-4。

表 2 - 4　蒸馏粗锌品质标准/%

含 Zn 量	杂质含量，不大于								
	Pd	Cd	Fe	Cu	Sn	Al	As	Sb	总和
99.5	0.3	0.07	0.03	0.002	0.002	0.005	0.005	0.01	0.50
98.7	1.0	0.2	0.07	0.005	0.002	0.005	0.01	0.02	1.30

蒸馏锌中的杂质主要取决于其在锌精矿中的含量。我国锌精矿蕴藏量虽然丰富，但矿点较为分散，特别是一些大、中型工厂使用的原料常来自数十个大小不等、锌品位和杂质含量各异的矿山。为保证产品品质，必须合理搭配使用，即锌精矿在使用前要进行配料，使锌品位和杂质含量均衡稳定。

在冶炼过程中，铅、镉、汞、硫等杂质集中于烟气、烟尘之中，主要经沸腾焙烧和二次焙烧脱除；而其他高沸点杂质，如铜、铁、锡、银、金以及砷等大部分均积存在蒸馏残渣中。至于蒸馏过程依靠焦结脱除部分镉，冷凝过程除铁，加料过程滤出铅、铜、锡等，只是在技术规程允许范围内对杂质的二级控制。如果含铁、铜、锡等杂质过高时则会造成蒸锌品质降低。必须指出，供精馏生产的粗锌虽不分等级，但对杂质铁的含量也严格要求。因为含铁过高，将加速塔体的侵蚀。

2.4.2　高镉锌提镉后的粗锌

高镉锌是精馏塔中的镉塔产出的含镉较高的粗锌。在高镉锌炉中，基于锌和镉的沸点不同（锌沸点 907℃，镉沸点 767℃），控制一定的回流比，经过一次或二次分馏，使粗锌达到五级锌的标准，使镉富集到 95% 以上，粗镉经过化学处理，一步达到精镉的品质要求。

图 2 - 11 是高镉锌提镉生产的工艺流程，图 2 - 12 是高镉锌炉的炉体示意图，表 2 - 5 列出了高镉锌炉的塔体及附属设备。

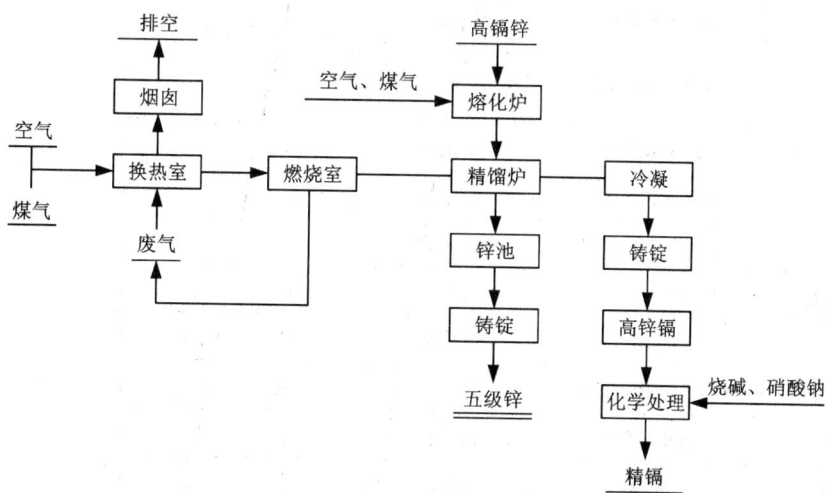

图 2 - 11　高镉锌提镉生产工艺流程

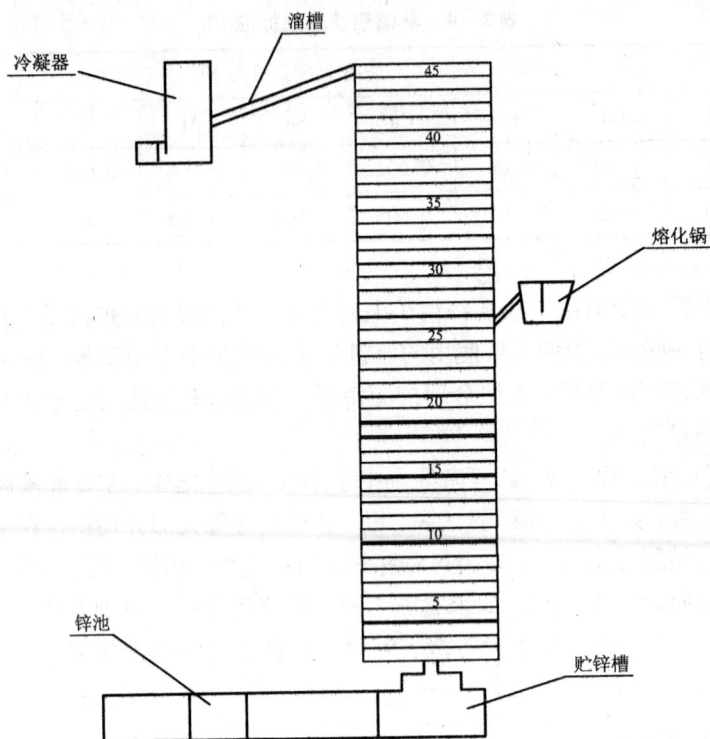

图 2-12　高镉锌炉体

表 2-5　高镉锌炉塔体及附属设备

名称	规格/mm	材质	单位	数量	盘号
底盘		碳化硅	块	1	1
蒸发盘	600×300×60	碳化硅	块	12	2~13
空心盘	600×300×90	碳化硅	块	1	14
回流盘	600×300×90	碳化硅	块	10	15~24 27~44
大檐盘	700×400×90	碳化硅	块	1	25
加料盘	700×400×90	碳化硅	块	1	26
导气盘	600×300×185	碳化硅	块	1	45
导气盘压板	600×300×40	碳化硅	块	1	
溜槽	600×210×125	碳化硅	个	1	
溜槽盖板	565×210×30	碳化硅	块	1	
加料管	φ50×500	碳化硅	个	1	
贮锌锅	φ500	石墨	个	1	
贮锌槽		碳化硅	个	1	

高镉锌品质为 Zn > 80%，Cd 5% ~ 20%，22 ~ 25 kg/块，产出粗锌品质 Zn > 99.5%，Cd < 0.05%，Pb < 0.1%，Fe < 0.02%。

蒸馏和精馏法生产锌粉的原料主要是蒸馏粗锌，也可以加入符合表 2 - 4 中品质标准的其他一些锌原料。精馏法的原料要严格符合表 2 - 4 中的标准，蒸馏法原料中的含 Fe 量可以放宽到 0.1% 以下，其他元素的要求与精馏法的一样。

2.5　蒸馏锌粉生产工艺

从外面加热、料置于密闭的器皿内而提炼出金属的方法叫做蒸馏法。采用蒸馏法生产锌粉是将原料锌加入一密闭蒸发炉内，外部加热使锌超过沸点后蒸发，在冷凝器中冷凝生产锌粉。这种方法生产锌粉由于炉型简单、操作方便，适应含杂质较高的原料，并且炉体寿命较长。但是也存在产能较小，生产的锌粉由于原料品质不稳定造成品质经常波动等问题。

2.5.1　工艺流程及主要设备

蒸馏法生产锌粉的工艺流程见图 2 - 13。粗锌加入熔化炉熔化后流入熔析炉，在熔析炉中利用各个元素的密度不同，通过停留一定时间，将粗锌中的铅、铁、铜等密度较大的元素留在熔析炉中，定期将熔析炉中的 B# 锌排出，液体锌流入蒸发炉中蒸发，锌蒸气在冷凝器中冷凝得到锌粉，锌粉筛分后分级包装。

蒸馏法的主要设备是蒸馏炉和冷凝器(如图 2 - 14)。粗锌加入到熔化炉后熔化，液锌流入熔析炉后流入蒸发炉，在蒸发炉中加热成为锌蒸气，通过导锌管进入冷凝器冷凝为锌粉，在加料及分级部分设置收尘装置。

2.5.2　主要技术条件

锌回收率≥95%；
粗锌单耗≤1.30 t/t(锌粉)；
炉龄：12 ~ 16 个月；
熔化炉温度：(650 ± 10)℃；
熔析炉温度：750 ~ 800℃；
蒸发炉温度：1100 ~ 1200℃；
冷凝器冷凝温度：310 ~ 360℃；
冷凝器压力：0 ~ 8 × 10⁴ Pa。

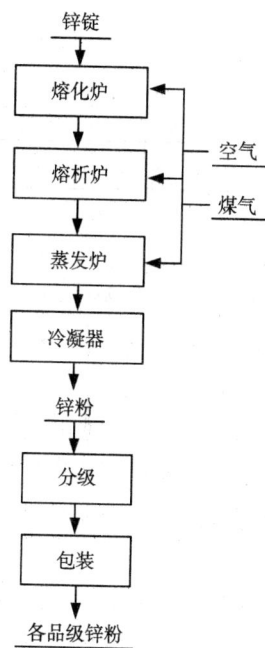

图 2 - 13　蒸馏锌粉工艺流程

2.5.3　产品品质及控制

锌粉的标准执行 GB 6890—2000，具体见表 1 - 4、表 1 - 5。
蒸馏法生产的锌粉一般粒度分布为 0.246 ~ 0.043 mm，粒度分布见表 2 - 6。

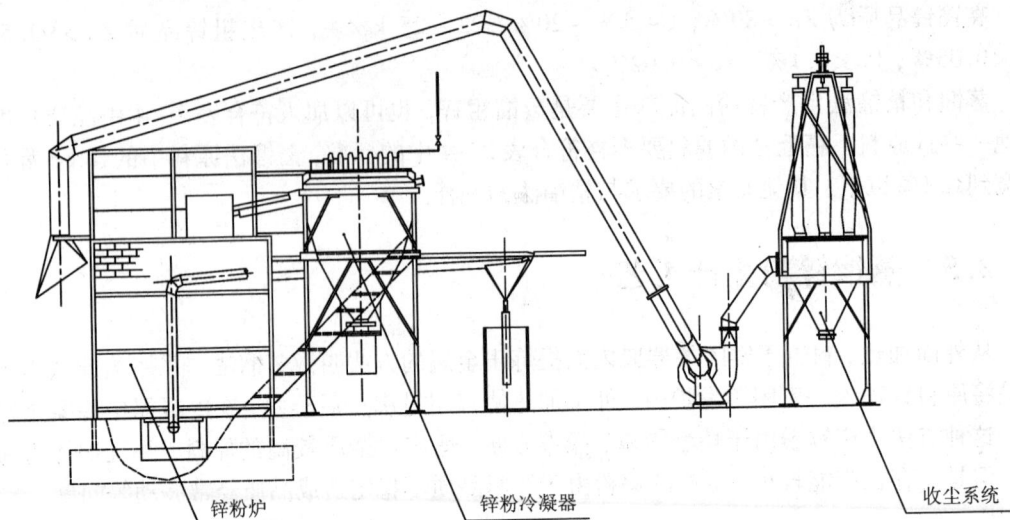

锌粉炉　　　　　　锌粉冷凝器　　　　　　收尘系统

图 2 – 14　蒸馏锌粉炉

表 2 – 6　蒸馏锌粉粒度分布

粒度	0.53 mm	+0.246 mm	+0.121 mm	+0.043 mm	−0.043 mm
分布/%	5	20	50	75	25

(1)原料要求

蒸馏法生产锌粉要求控制原料中的镉含量,原料中一般要求镉 < 0.2%、铅 < 1.0%、铁 <0.1%。

(2)粒度控制

蒸馏法生产锌粉的粒度控制主要采取控制加料量和调整冷凝器两项措施。

①控制加料量调整粒度。蒸馏炉生产锌粉每班次加 1 t 粗锌,当发现生产的锌粉粒度较大时可以适当减少加料量,调整范围在 200 kg,锌粉粒度恢复正常分布后逐渐将加料量增加到 1 t。

②调整冷凝器控制粒度。控制锌粉粒度主要还是调整冷凝器的操作参数,当锌粉粒度增大时,一般是冷凝器的回水温度较高,冷凝效果下降,这时可以加大循环水量,降低回水温度;当锌粉斗车中有较大的锌块时,是冷凝器中出现了结瘤现象,这时要停料降温到900℃,然后向冷凝器中通入氮气,保持冷凝器正压,缓慢打开维修门,用木棍将结瘤清除掉,然后封闭维修门,通氮气,炉体升温到1100℃后正常加料;当打开维修门后发现结瘤较大已难以处理,这时要停炉检修,蒸馏炉降温到750℃恒温,拆除导锌管,将冷凝器降温到室温,然后缓慢打开维修门,用木棍轻轻清除冷凝器内壁的锌粉,等冷凝器内部已无锌粉后,进入维修人员处理结瘤。

(3)控制镉含量

当发现锌粉中镉含量接近指标时,分析原料中的镉含量,将含镉较高的原料更换为含镉较低的原料,这时原料要求镉 <0.1%,产出的镉含量超标的锌粉只可用于某些冶金还原

过程。

(4) 控制铅和铁含量

每个月定期将熔析炉中的底锌（B#锌）排出，确保锌粉的铅和铁符合标准；锌粉化验报告出现铅、铁含量达到或超过指标时，立即组织人员排出 B#锌和化验原料中的铅、铁含量，更换为含铅、铁较低的粗锌原料，通过以上操作可以及时调整确保锌粉的化学品位。

(5) 控制锌粉堆密度（堆比重）

生产过程中发现锌粉的颜色灰暗，而且比较发"飘"，这是锌粉的堆密度下降，可能是冷凝器中的温度较高，或者是冷凝器产生了负压，冷凝器有微泄露的现象，要及时采取降低循环水温度，降低冷凝器内部温度，检查冷凝器的密闭状况，及时发现泄露点用黄泥封闭，每班次检查泄露点，通过以上措施提高锌粉的堆密度；发现锌粉呈明亮，粒度较大，堆密度升高的现象，采取调整冷却水温度在规定指标内，尤其是关注冷却循环水进口和出口的水温，向冷凝器中补充循环氮气，这样可以降低锌粉堆密度。

蒸馏法工艺条件要求不太严格，易操作，炉体寿命长，好维护，成本低。其缺点是热利用率低，到炉龄后期产品含杂质较高。

第3章　精馏锌粉生产

精馏法生产锌粉是采用精馏塔蒸发和分馏原理产出比较纯净的锌蒸气，锌蒸气导入具有惰性气体密闭循环的冷凝器急速冷凝，利用重力自然分级，从冷凝器及收尘系统中产出锌粉。

精馏塔是由若干块塔盘层叠而成的塔体，其周围由燃烧室间接加热，具有蒸发效率高、锌蒸气提纯的功能。锌液从塔体上部均匀加入，在塔内受热蒸发，上升的锌蒸气与下流的锌液进行热交换和质交换，在这过程中原料中的铅、铁等高沸点杂质从精馏塔中富集，由塔底排出，而得到的较纯的锌蒸气进入锌粉冷凝器。锌蒸气由塔顶导入水套式冷凝器中，同时在锌蒸气入口处喷入惰性气体，使锌蒸气快速分散，增加冷凝器的冷凝效率，促使锌蒸气在冷凝器中由气态急速冷却为固态，形成较细的粉末，从而抑制了锌粉的生长变大。在冷凝器后还可以设多段收尘装置，惰性气体以密闭循环的方式在冷凝器和收尘装置中循环，冷凝器中的超细锌粉由于堆密度(堆比重)较小，被惰性气体带出冷凝器利用气体净化和重力自然分级原理，从冷凝器后段收尘装置中直接产出粒度较细的超细锌粉。

3.1　工艺流程及主要设备

精馏法生产锌粉的原料是粗锌，将粗锌加入到熔化炉中，液体锌流入精馏塔，在精馏塔中经过蒸发、回流，锌蒸气导入冷凝器中冷凝成锌粉落入锌粉料斗中，定时将锌粉料斗更换，将锌粉筛分分级后包装。具体的工艺流程见图3-1。

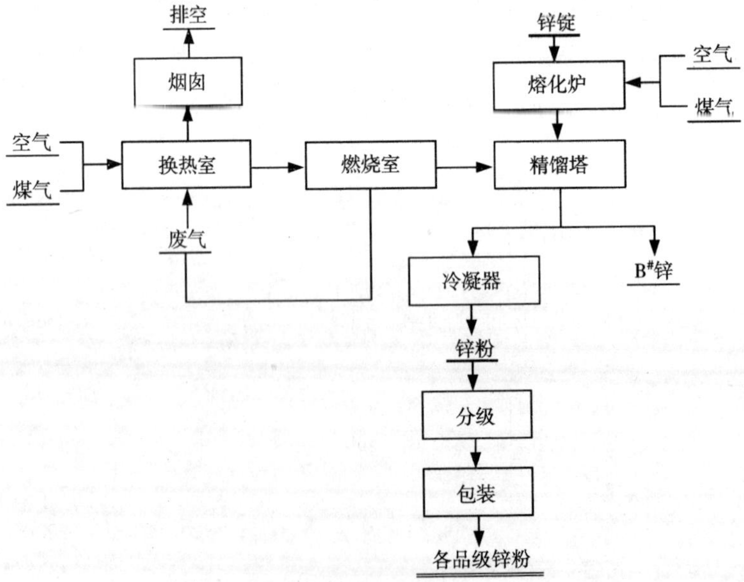

图3-1　精馏锌粉工艺流程

　　精馏法生产锌粉的主要设备是精馏塔和冷凝器。精馏炉炉体 4136 mm × 2758 mm × 3450 mm，熔化炉 2768 mm × 1254 mm × 2005 mm，B#锌槽 2080 mm × 866 mm × 620 mm，塔盘规格及数量见表 3-1。图 3-2 是精馏法生产锌粉的炉体图，煤气和空气在换热室中被燃烧废气加热成为预热煤气和预热空气，然后进入燃烧室中燃烧加热碳化硅塔盘，粗锌在熔化炉中熔化为液锌后流入塔盘，在塔盘中被加热蒸发－回流，锌蒸气通过导锌管进入冷凝器中冷凝为锌粉，铅、铁、铜等高沸点金属在塔盘中不断回流后进入 B#锌池，达到与锌分离的目的。图 3-3 是精馏塔的塔体图，蒸发段有 24 块塔盘，回流段有 2 块塔盘，在塔盘的顶部第 30 块塔盘是与导锌管相连，锌蒸气通过导锌管进入冷凝器。图 3-4 和图 3-5 是组成精馏塔的蒸发盘和回流盘，蒸发盘与回流盘最大的区别在于回流盘上有几道凸起，起到降低流速，增大停留时间的目的。

表 3-1　精馏锌粉塔盘规格及数量

名　称	盘　号	规格/(mm × mm × mm)	数　量	单重/kg
底 盘	1#	600 × 300 × 90	1	21.2
蒸发盘	2# ~ 25#	600 × 300 × 90	24	21.8
空心盘	26#	600 × 300 × 90	1	15.53
回流盘	27# ~ 28#	600 × 300 × 90	2	20.7
加料盘	29#	600 × 300 × 100	1	22.5
导气盘	30#	600 × 300 × 100	1	30.1

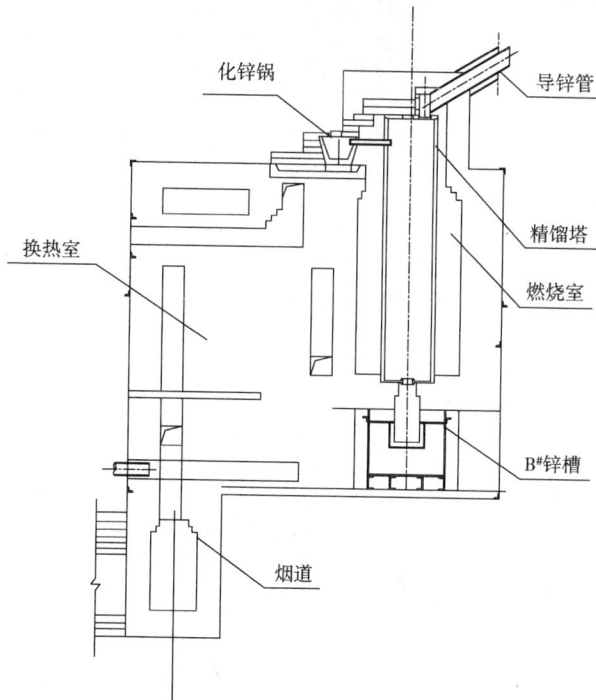

图 3-2　精馏锌粉炉炉体示意图

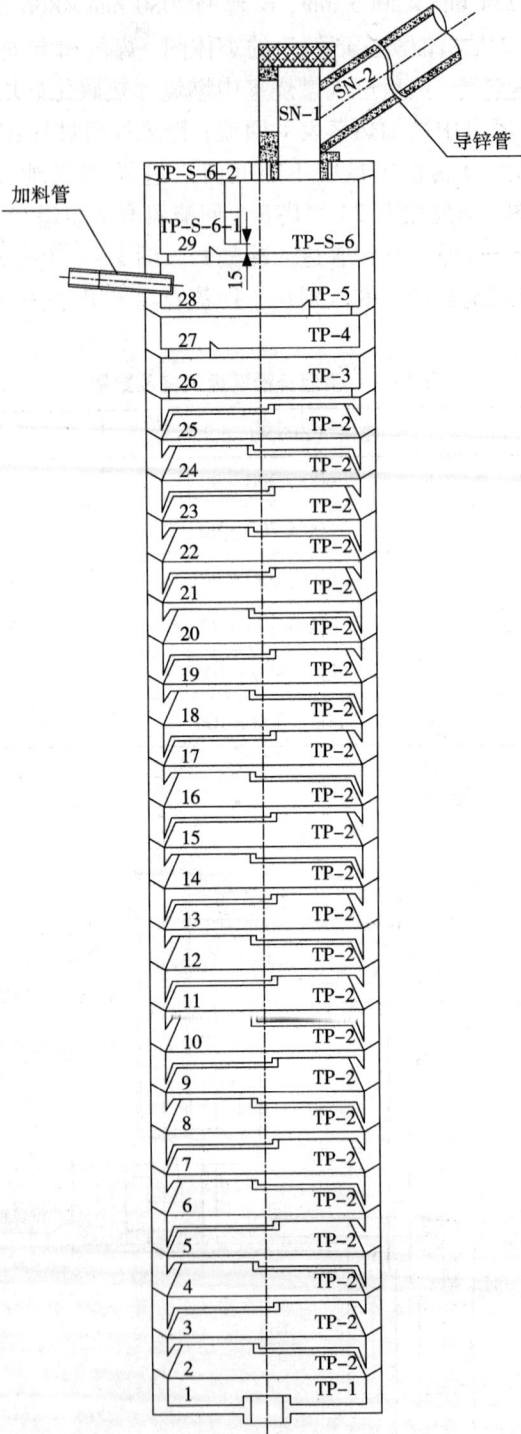

图 3 - 3 精馏锌粉炉塔盘示意图

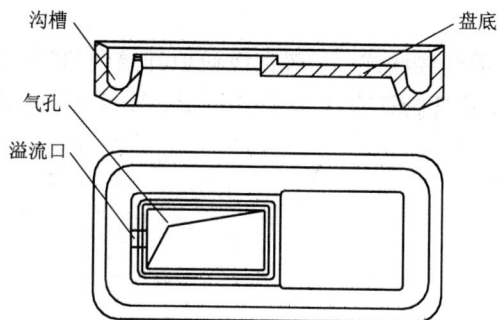

图 3 - 4 　 蒸发盘

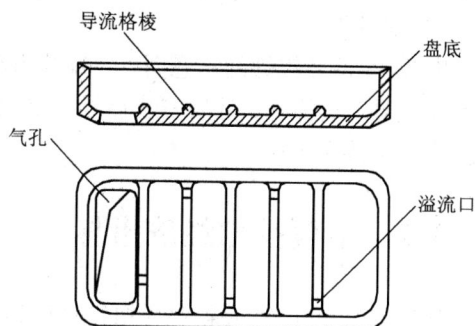

图 3 - 5 　 回流盘

图 3 - 6 是冷凝器示意图。

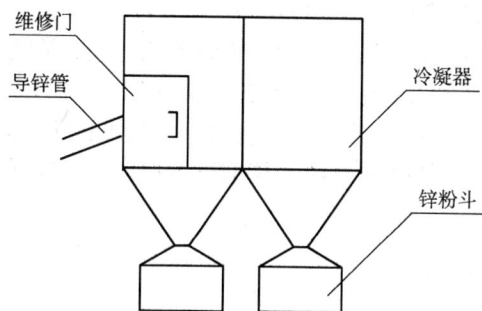

图 3 - 6 　 冷凝器示意图

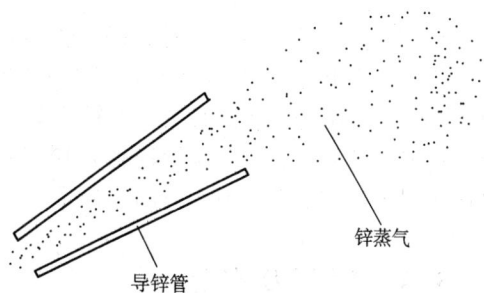

图 3 - 7 　 导锌管

（1）冷凝器

冷凝器尺寸为上直段，3000 mm ×1000 mm ×2500 mm；下锥体，高 2740 mm；下部，ϕ600 mm。沉降室，上直段，1900 mm ×1900 mm ×1800 mm；下锥体，高 2500 mm，下部口，ϕ273 mm。布袋室，上直段，ϕ1380 mm ×2640 mm；下部口：ϕ273 mm。冷凝器采用外循环水冷却的方式冷却锌蒸气，在冷凝器的后下部设立进水口，顶部设出水口，一般是将冷凝器从中间一分为二，采取两路闭路循环的方式，这样可以保证循环水在冷凝器夹层中分布均匀，不会使冷凝器产生局部过冷或过热。氮气循环保护是在冷凝器后部设置氮气出管，从侧旁通到导锌管旁，在开炉前阻断氮气循环管，向冷凝器中通入氮气，开炉加料后开通氮气循环管，使氮气在冷凝器中保持循环状态。

超细振动筛，ZSX - 1300 mm ×450 mm，电动机功率 1.5 kW，处理能力 1.5 t/h。

布袋收尘器，收尘面积 225 m²，过滤速度 1 ~ 2 m/min，布袋规格 ϕ160 mm ×3335 mm，布袋数 140 条。

排风机，风量 17900 m³/h，风压 2500 Pa，电机功率 18.5 kW。

氮气循环风机，风量 820 m³/h，风压 3800 Pa，电机功率 2.2 kW。

（2）熔化炉

熔化炉规格：2768 mm ×1254 mm ×2005 mm。

（3）导锌管

图 3 - 7 是导锌管的示意图，导锌管由高温水泥浇注而成，一般在锌粉炉升温到 700℃ 更换大煤气时现场浇注，然后安装在导气盘之上，导锌管内管有 3°左右的锥形，导锌管安装时倾斜度要保持在 30°。

3.2 主要技术经济指标

锌回收率 ≥96%；锌粉单耗粗锌 ≤1.25 t/t。

精馏锌粉的回收率较低，这是由于精馏锌粉的生产过程熔化炉中产生锌浮渣，锌浮渣的产生主要是由于粗锌表面氧化物较多，在熔化炉中这些氧化物夹杂金属锌浮在液体锌表面上，熔化炉中要定期清理这些浮渣，要是不采取措施，锌粉的回收率将大幅降低。实践中可将这些浮渣统一存放，在反射炉中加入造渣剂分离金属锌，将分离出的金属锌返回锌粉炉，氧化渣返回锌冶炼系统回收锌，这样可以将锌的回收率提高到 98% 以上。

精馏锌粉的锌粉单耗粗锌较高，这是由于精馏过程生产的 B#锌，造成单耗升高，精馏锌粉生产过程中 B#锌占总加入量的 5% ~ 10%，以每班次加 1.2 t 粗锌计算，每班次要生产 60 ~ 120 kg 的 B#锌，这样必然造成锌粉单耗粗锌的升高。生产实践中将含杂质较低的 B#锌作为原料加入锌粉炉，杂质含量较高的 B#锌可以返回竖罐炼锌系统的精馏塔生产精锌，这样可以将锌粉单耗粗锌降低到 1.05 t/t 以下。

3.3 原料及产品

精馏锌粉的原料为粗锌，原料品质标准见表 2 - 4；燃料为发生炉煤气，其发热量 > 5400 kJ/m³，含焦量 < 0.28 kg/m³。

粗锌中如果镉含量超标，将造成锌粉中镉含量的升高，是精馏法生产锌粉工艺不能克服的问题；粗锌中铅含量超标，将增大 B#锌的产量，使炉内压力升高，不利于锌粉炉的运行，缩短锌粉炉的寿命，这些粗锌可以与其他含铅较低的原料混合使用；粗锌中铁含量超标，由于锌粉炉主要是利用碳化硅质的精馏塔蒸发粗锌，而碳化硅与铁在高温下发生反应，铁含量较高将破坏精馏塔，缩短精馏塔寿命，这样的原料可以采用蒸馏工艺生产锌粉。

精馏锌粉粒度分布见表 3 - 2。

表 3 - 2 精馏锌粉粒度分布

粒度	+ 0.53 mm	+ 0.246 mm	+ 0.121 mm	+ 0.043 mm	- 0.043 mm
分布/%	3	10	30	45	55

3.4 岗位技术条件及操作

3.4.1 加料岗位

将粗锌加入熔化炉内，使之成为能自由流动的液态锌。

（1）技术操作条件

锌池温度：夏季为（600±10）℃；冬季为（650±10）℃。

（2）正常操作

接班后加入第 1 块料（如开 2 个以上炉子，则依次加入），以后每隔 9 min 加入 1 块料，直到完成本班任务为止。如料量有变化，可视实际情况确定加料间歇时间。

（3）事故处理和特殊操作

锌液温度偏低，加料困难。熔化炉各扫除口密封不严，使锌池液面氧化物过多过厚，导热效率下降所致。锌池中锌液温度偏低，锌液流出后便有冷凝趋向，造成锌液流淌困难。加料口处氧化物过多，加入锌锭熔化缓慢，发现此种现象应及时清扫锌池液面氧化物，扫除之后对各扫除口要进行密封。

3.4.2　B#锌岗位

定时排出各炉 B#锌槽中 B#锌，保证塔体畅通，维持正常的生产。降低锌粉中 Fe、Pb 等杂质的含量。

（1）技术操作条件

B#锌量占总加入量的 5%~10%，按块重 22 kg 计，B#锌为（3~6）块/天。如果 B#锌的质量达到粗锌的标准，而且 B#锌每炉每天产出超过 6 块，B#可以直接作为原料加入熔化炉，以提高锌粉的直产率。

（2）正常操作

用煤气明火将 B#锌槽外口加热到 600℃，然后用铁钎打开放 B#锌口，按要求把 B#锌槽中的锌液放出、并铸锭，然后将放 B#锌口用湿黄泥堵住，确保不流锌液，B#锌称重、记录，堆放到指定地点。

（3）事故处理及特殊操作

发现 B#锌流淌困难时，要彻底清扫 B#锌槽液封，捞取黏稠 B#锌杂物，处理之后 B#锌仍不正常则需采用外加热办法，用煤气通氧烧 B#锌槽，使被阻杂物烧熔，之后降温或冲料保证 B#锌流量正常，以防止发生意外事故。

3.4.3　筛粉岗位

将各炉所产锌粉（含锌渣、锌馏）通过振动筛或旋转筛筛分，得到符合粒度要求的锌粉，并将锌粉检斤、包装。

（1）技术操作条件

①冷凝器冷凝温度 310~360℃。

②利用冷却水流速控制水温，冬季：进口温度 12~14℃，出口温度 40~45℃；夏季：进口温度 20~25℃，出口温度 25~30℃。

③超细系统氮气循环量 10~200 m³/h。

④产量 1000 kg/（班·炉）。

（2）正常操作

根据实际需要，更换不同规格数量的筛网可得所需粒度的锌粉；筛粉前要检查电机开关是否松动，各链条是否脱落，筛网是否破损，收尘布袋是否完好，扫除门是否关严，全面检查后正常才能开车;用铁锹把锌粉加入到已经开动的振动筛内,依靠筛网的机械振动,把锌粉筛下来,收入扎罐,再经筛分后包装封桶,或者用桶称重后装入锌粉槽中。

(3)事故处理及特殊操作

冷凝器结瘤,主要是由于加料不均、冷却水流速调节不当引起的。当料量过大时,产生蒸气量大,造成冷凝器内温度偏高,锌蒸气短时间冷却不下来,由气体变成液体,以锌瘤形式沿导锌管出口下淌,随时间的延长而不断长大结瘤。因此必须均匀加料,定期勾瘤,以防锌瘤长大,锌瘤过大时只能停料处理。

锌粉含氧化锌过多。冷凝器及卸罐口密封不严,勾瘤口及导锌管等处密封不严,使氧气进入而使锌氧化所致,故必须做好密封工作,以免氧气进入生成氧化锌。

3.4.4　调整岗位

调整各炉各温度点在规定的技术指标内,保证生产的正常进行,产出合格的锌粉。

(1)技术操作条件

燃烧室温度:1050～1200℃;

塔头温度:950～1100℃;

锌池温度:400～600℃;

小燃烧室温度:1050～1300℃;

冷凝器温度:250～400℃。

(注:实际温度可根据季节、炉龄、炉况由技术人员决定后作适当改动。)

(2)正常操作

接班后检查各温度点温度是否在允许范围内波动,一旦发现温度出现异常,及时调整。正常情况按"三大"或"三小"处理,即当温度低时,开大空气、煤气和废气;当温度高时,关小空气、煤气和废气。特殊情况特殊处理。

(3)事故处理及特殊操作

①炉体升温困难。塔盘裂漏,锌蒸气被氧化成氧化锌,造成换热室、燃烧道及废气道被堵塞,导致抽力不足,产生的废气不能被及时排出,煤气燃烧所需空气不足造成炉体升温困难。发现这种情况可清扫上述被堵处。另外,煤气或空气过量也可导致升温困难,可调节二者的流量,使之充分燃烧。

②塔盘外漏蒸锌。视塔盘漏洞情况处理,漏洞轻微可暂不予处理,因生成的氧化物有自动弥补作用。漏洞严重时可适当降温,用铁钎将漏洞附近的氧化物清除干净,以使补堵效果更好。补堵使用磷酸灰,其配比为 $-0.246\ mm\ 90\%\ SiC$、10% 矾土,用 $1.3\ g/cm^3$(玻美度为33)的 H_3PO_4 混合发酵 $48\ h$ 后方可使用。

③冷凝器放炮或炸裂。冷凝器水套裂漏,使冷凝器内部进氧或水,容易发生爆炸,故在安装冷凝器前应彻底检查其密闭性,确实密闭后方可投入生产;换导锌管时,炉温降到850℃左右,并恒温后才能操作,否则塔内锌蒸气未完全蒸尽,此时当打断导锌管时,由于进入导锌管的空气与锌蒸气混合,发生燃烧,导入冷凝器,使冷凝器内锌粉及残余锌蒸气发生氧化燃烧,从而导致冷凝器内锌粉着火燃烧,产生大量热及气体,使冷凝器内气压突增几十乃至几百倍,造成冷凝器放炮或爆炸,所以换导锌管前务必将炉温降至850℃并恒温 $0.5\sim1\ h$ 以后才能进行。

3.5 开、停炉操作

3.5.1 开炉操作

砌炉完毕,烟道、换热室各清扫点扫除干净,然后密封各扫除口、观察口,经有关部门验收合格后即可升温。升温开始,对烟道也要烘烤,保证炉内抽力充足。升温必须按升温制度进行,升温必须缓慢,严禁升温过速。高、中、低温阶段都有一定恒温时间,以蒸发掉塔内水分并实现高温烧结。中温时升温周期为 12 h,升温开始使用净化冷煤气,更换预热煤气时,燃烧温度不得低于 650℃。制订升温制度时,应将安装加料锅、安装导锌管安排在白班进行,加料前向冷凝器充 2~3 瓶氮气,以保证第一批锌粉品质。升温过程中煤气波动时只能恒温不能降温。开始升温烘烤 B# 锌槽火苗不能超过 0.4 m。升温过程温度超标时,只能恒温不能降温。精馏锌粉炉升温制度见表 3-3。

表 3-3 精馏锌粉炉升温制度

燃烧室				熔化炉			
温度区间 /℃	升温时间 /h	升温速度 /(℃·h⁻¹)	备注	温度区间 /℃	升温时间 /h	升温速度 /(℃·h⁻¹)	备注
20~130	11	10	B# 锌池加 1 t 粗锌	20~130	11	10	炉底铺上二层粗锌
130	24	恒温		130	24	恒温	
130~310	18	10		130~310	18	10	
310	22	恒温		310	22	恒温	
310~680	37	10		310~680	37	10	
680	27	恒温	换大煤气	680	27	恒温	
680~1310	63	10		680~1000	32	10	
1310	25	恒温		1000		恒温	开始加料
1310~1000	16		装导锌管	冲料			
1000~1080	4	20		正常生产			正常生产

3.5.2 停炉操作

当炉体到大、中修时需停炉。停炉前应将塔内锌蒸净,B# 锌放尽。然后按降温规定进行降温,当温度降至 650℃时可关闭煤气及废气挡板,密封所有孔道采用自然降温。精馏锌粉炉降温制度见表 3-4。

表 3 – 4　精馏锌粉炉降温制度

燃烧室				熔化炉			
温度区间 /℃	降温时间 /h	降温速度 /(℃·h⁻¹)	备注	温度区间 /℃	降温时间 /h	降温速度 /(℃·h⁻¹)	备注
1080 ~ 1260	8	20	出 B# 锌	1000	8	恒温	停止加料
1260	24	恒温		1000	24	恒温	
1260 ~ 700	56	10		1000 ~ 900	10	10	
700 ~ 660	8	5		900	46	10	
660		恒温	断开导锌管	900		恒温	清空熔化炉
660 ~ 室温	关闭煤气		自然降温	900 ~ 室温	关闭煤气		自然降温

炉体中修时(熔化炉除外),熔化炉锌池可恒温在 550℃,扫除孔密封,停料并蒸料 3 h,然后降温,降温时间不得少于 12 h。燃烧室温度降至 850℃以下,塔头温度降至 700℃即可更换导锌管。更换导锌管安排在白班进行。

3.5.3　更换导锌管

锌粉炉生产到一定时期,导锌管管壁附着物达到一定程度,严重阻碍锌蒸气的导出,此时就要更换导锌管。导锌管更换一般为三个月,更换周期要根据实际情况确定。

更换导锌管需在蒸料降温后进行,当塔头温度降至 700℃,大燃烧室降至 850℃时,恒温 0.5 ~ 1 h,即可进行更换。更换时首先要打开安全阀,然后切断导锌管。切管时要协同作业,以防一方用力过猛而伤害塔体,切断导锌管后清除在冷凝器上的残余部分。在清除与塔头连接部分时要小心操作,在塔头两侧分布好人员,以防导锌管座及导锌管坠落而砸伤塔头。之后用小号捞渣勺将导气盘中的锌渣捞净。同时打开盲板,卸下锌粉斗车,并用稀泥浸好石棉绳待用,然后安装导锌管。导锌管塔头及冷凝器两端都要密封,用玻璃水涂刷。在靠近冷凝器一侧壁导锌管以下部分用一块石棉板衬好。用浸好的石棉绳将导锌管包上,最后用稀泥将导锌管涂严,将盲板安好密封,装上安全阀,升温充氮即完成换管操作。

3.6　炉体砌筑

3.6.1　炉体砌筑规定

①砌筑前对金属结构件进行检查,确定是否符合设计要求。

②按设计规定用料,按图纸和炉体砌筑技术要求施工,按炉体砌筑品质标准检查和验收。

③冬季砌筑要有取暖防冻措施,施工现场温度保持在 5℃以上,灰口缝不能出现结冻现象。

④炉体底部和炉墙的砌筑,上下层、内外层都要错缝砌筑,一般都要压中缝,至少也要

压 2/3。

⑤砌砖采用上打灰的操作方法，层层拉线，缝内的灰浆要饱满严密，暴露面都必须勾缝。

⑥砌筑工作面保持清洁，每天砌筑之前和砌筑之后都要清扫干净。

⑦耐火材料在搬运过程中要轻拿轻放，保持外形完整，受潮湿的耐火材料禁止使用。

⑧禁止在砌筑的炉体上砍凿加工或对已经砌筑完成的炉体再进行砍凿及修理。

⑨各个孔盖在封盖前都要彻底检查，清扫干净后再封盖。

⑩炉体砌筑完毕后要达到横平竖直，表面整洁，不符合品质标准的必须返工。

⑪换热室用的筒型砖都必须进行挑选，按标明的厚度、长度检查，有裂纹、缺角、尺寸不符的禁止使用。

⑫换热室的筒型砖每班砌筑完毕后要将孔内残留的耐火灰处理干净，全部砌筑完毕后要全面彻底检查，保持畅通。

⑬各空气、废气调整挡板保持灵活，能够开全、关严，拉板牙子每边大于 10 mm。

⑭每块砌砖必须平稳牢固，达到水平要一致，不准倾斜或松动。灰口：黏土砖为 2 ~ 3 mm，保温砖为 3 ~ 4 mm。

3.6.2　塔盘砌筑规定

①标高的确定。塔盘的高度加上灰口的高度，就是塔盘的全标高，这个高度的上端要高于燃烧室上盖一定距离，下端是底部开始砌筑的高度。

②中心的确定。中心是根据燃烧室四周墙的中心向下垂，确定塔体中心。

③砌筑的塔盘，都必须是经过加工安装后符合品质标准的，并按序号砌筑。

④砌筑塔盘每组设 3 根垂直的线坠，侧面 2 根，端头 1 根，上端拴在炉面上方，下端线坠放在盛有水玻璃的小桶内稳固，垂直线距塔盘外表 70 ~ 100 mm。

⑤塔盘砌筑之前用湿刷多次刷扫，并观察吸水情况，在阴凉处晾干。

⑥砌筑塔盘时，必须将已经砌筑好的塔盘内部清扫干净，及时处理内部灰口缝。

⑦塔盘打灰砌筑完毕，灰口缝已经干固，但是检查后垂直或水平超过品质标准规定时，不能敲打校正，只能返工重新砌筑。

⑧塔盘全部砌筑完毕后，塔盘外表面用碳化硅灰浆全面的涂刷两遍，厚度 1 ~ 1.5 mm。

⑨塔盘的砌筑速度，锌粉炉每班 9 块。

⑩塔盘砌筑灰口，一般为 1 ~ 1.2 mm。

3.6.3　耐火混凝土及砌筑塔盘用灰

①目前砌筑塔盘采用磷酸碳化硅高铝灰浆砌筑，其配比为：磷酸：碳化硅高铝灰 = 1：(4 ~ 4.5)。

其中，磷酸品质标准：H_3PO_4 占 45%，密度为 1.3 g/cm³。

碳化硅高铝灰：粒度 -0.246 mm，碳化硅灰 90%；粒度 <0.008 mm，高铝粉 10%，将灰浆养生 32 h 后即可使用。

②磷酸混凝土配比。磷酸混凝土成分由磷酸和掺合料组成。

掺合料中：骨料，粒度 0.008 ~ 5 mm，占 30%，粒度 5 ~ 10 mm 占 40%；掺入料，粒度 <0.008 mm，占 25%；矾土水泥占 3% ~ 5%；磷酸：掺合料 = 1：(4 ~ 4.5)。

③矾土水泥混凝土配比

骨料：粒度 0.008 ~ 5 mm 占 30%，粒度 5 ~ 10 mm 占 40%；掺入料：15%；矾土水泥：15%。

④磷酸盐耐火灰混凝土需要进行困料，将骨料粉碎混合搅拌均匀，再加入 H_3PO_4 溶液 10% ~ 12%，搅拌混合均匀，困料时间 24 h 以上，存放环境温度 15 ~ 20℃。

⑤矾土水泥混凝土在调制同时调和，随调随用，不可存放。

⑥各种灰浆在配料及现场使用过程中保持现场清洁，不得混入其他杂物。

⑦捣制每一料体都要连续进行，一次将混凝土捣制成功。

3.7 精馏法的优点

精馏法生产锌粉采用无回流塔的精馏塔，具有节能的特点并可获得纯净稳定的锌蒸气，可以在精馏塔中脱除大部分高沸点金属。

采用普通的工业氮气，在开车前一次性向冷凝器送入定压定量的氮气，开车后氮气在系统内形成密闭循环，不需要经常补充氮气，更不需要其他复杂的送氮气装置，因此工艺设备简单可靠、操作方便、耗氮气量少。

在冷凝器后设密闭的多段收尘装置，使冷凝后不同粒径的锌粉随着惰性保护气体的流动而自然分级，并在不同的收尘器中收集，可以不需要进一步的分级就能产出超细锌粉。

适当的气体循环量、管径的大小、导锌管的角度和形状、冷凝器的设计，可以确保锌粉的品质及直产率，避免冷凝器结瘤和管路的堵塞。

3.8 技术发展方向

蒸馏锌粉由于产量较小，而且原料的制约因素较多，锌粉的品质也不如精馏锌粉，现在大多采用精馏法生产。对于精馏法生产锌粉，研究的主要方向是炉子的大型化、增加锌粉产量、锌粉的分级方法和提高锌粉超细粉的直产率等。

3.8.1 提高锌粉产量

（1）塔盘大型化

精馏炉现有采用 990 mm × 457 mm 塔盘生产锌粉，这只是单纯的加大了塔盘尺寸，将加料量从每班次 1.0 ~ 1.2 t 提高到 2.5 ~ 3.0 t，锌粉产量从每班次 0.8 ~ 1.1 t 提高到 2.2 ~ 2.8 t，锌粉的产量提高了 2 ~ 3 倍。通过加大塔盘和冷凝器除提高了锌粉的产量，后续分级的压力也加大了许多。

（2）竖罐炼锌精馏炉直接生产锌粉

精馏法生产锌粉原理上与粗锌精馏相同，将通过专用 B# 锌塔冷凝器的一部分锌蒸气导入锌粉冷凝器中生产锌粉，这样不仅可以利用精馏塔的生产能力和降低热消耗，而且可以根据市场的变化及时调整产量和锌粉的质量，达到降低消耗、灵活组织生产、延伸竖罐炼锌的产品。

3.8.2　分级技术多样化

由于使用振动筛对锌粉分级有着操作环境恶劣、锌粉损失大、粒度较大的缺点，近年来针对锌粉的特点开发出了一些分级方法和专用设备，大大提高了锌粉的直产率和降低了锌粉粒度，现在有的分级方法可以分选出 10 μm 的锌粉，达到了亚纳米级。

（1）气流筛粉机

DH 系列气流筛粉机广泛应用于化工、造纸、冶金、建材、医药、食品、橡胶、塑料、机械、矿业等行业粉状物料的筛选分级。根据筛分物料的细度要求，可在 0.147～0.03 mm 细度范围内，任意更换筛网，筛网材质可以是不锈钢网、铜网或尼龙网。该机筛选粉状物料性能优良，主要特点如下：筛分效率高，产量大；细度精确；筛网不荷重，使用寿命长；适应细度范围广；结构封闭，无粉尘溢散；噪音小；适合连续作业且耗电少；无超径混级现象；维修容易。

（2）气流分选

气流分选是将锌粉采用气体输送的方式输送到风选设备中，分级选出不同粒度的锌粉。生产实践中可以调整各级的粒度，达到灵活生产的目的。气流分选的分级能力较强，可以选出 0.121 mm、0.043 mm、0.03 mm、0.015 mm 和 0.005 mm 的锌粉，如有需要更可选出 10 μm 的锌粉。

（3）球磨分级

球磨方法由于碰撞可能产生明火，一直以来难以应用在锌粉分级上。随着科技的进步，一些新材料的应用使球磨可以应用在锌粉分级上。锌粉球磨分级可以进一步使锌粉的粒度减小至纳米级，而且球磨锌粉的微观状态呈鳞片状，鳞片状锌粉作为磁性金属材料，主要应用于制备水溶性无机盐涂料、无机富锌涂料、非电解性金属防腐涂料（也叫达克罗涂料）。用其配制的防腐涂料，锌成片状多层排列，金属粉用量小，涂层致密，耐腐蚀性较好，特别是达克罗涂层技术是将片状锌、铬酐等配制成的涂料覆在钢材等基体表面，经 300℃ 左右固化后获得 6～8 μm 有金属光泽的银灰色锌铬涂层。它无污染、无氢脆，耐腐蚀性高于电镀锌5～8倍，成为绿色环保型高防腐表面处理技术，许多发达国家已取代电镀和热镀锌。

第 4 章 冶金还原用电炉锌粉生产

电炉炼锌分为矿热电炉和电热竖炉炼锌，其特点是利用电能直接加热炉料连续蒸馏出锌。国外电炉炼锌起步较早，工艺也较为成熟 。拥有该技术的美国、法国、前苏联、日本等国家形成了具有各自特色的电炉炼锌工艺。

国内电炉炼锌起步较晚，且全部采用矿热电炉熔炼工艺。从 20 世纪 70 年代初开始到 90 年代中期，在广西、云南、甘肃等地相继有一些采用矿热电炉熔炼冶炼粗锌和锌粉的中小型锌冶炼厂投产，但多为 650 kV·A、800 kV·A 的小功率炉型，产量低、电耗高，而且工艺尚不成熟，处于摸索之中。1998 年，由中国有色金属工程设计研究院开发的国内首台 2000 kV·A 矿热电炉冶炼粗锌生产线在甘肃天水投产成功，单台产量达 8 t/d。2000 年在山西襄汾投产的 2250 kV·A 粗锌电炉，由于采用了先进的双转子"锌雨"冷凝器，使锌蒸气的冷凝效率和直收率大大提高(直收率由原来的 80% 提高到 90% 左右)，单台粗锌产量提高到 11.5 t/d，单位产品电耗从 4800 kW·h/t 降至 3800 kW·h/t，从而使矿热电炉冶炼粗锌工艺获得突破性进展。

随着 20 世纪湿法炼锌工业在中国的快速发展，对净化工序置换用锌粉的需求急剧增加。用于湿法炼锌流程中作为置换剂的锌粉主要有电炉锌粉和吹制锌粉两种，也有部分电锌厂采用蒸馏锌粉，但在不断的实践过程中，技术人员逐步认识到了电炉锌粉的优越性，可以为电解锌厂减少流动资金占用、节约吨锌所耗锌粉成本，同时亦可有利于电解锌置换除杂生产工艺。因而电炉锌粉有逐步取代后两者的趋势，主要有以下两方面原因：

第一，电炉锌粉为含有 1% ~ 2% 铅的合金锌粉，活性好。电炉锌粉比吹制锌粉活性更好，单位电锌消耗锌粉较少；比蒸馏锌粉更有利于防止钴复溶，减少烧板。据部分电锌厂统计，采用电炉合金锌粉作置换剂可使每吨电锌比采用吹制锌粉作置换剂的锌粉单耗降低 5 kg 左右。

第二，电炉锌粉可采用锌浮渣、次氧化锌等为原料。大部分电解锌厂都有锌浮渣等中间物料，可以用于直接生产电炉锌粉。而吹制锌粉和蒸馏锌粉均需从外部采购大量紧缺的粗锌锭，不但成本高，浪费资源，而且难于买到。以市场价格计算，每吨电炉锌粉比吹制锌粉和蒸馏锌粉的成本低一千至数千元不等。

然而同一时期利用矿热电炉冶炼锌粉的工艺技术尚无突破，设备依然功率小、产能低、能耗高、有效锌低，生产过程中经常出现安全事故。直到 2006 年，由株洲某公司联合中南大学能源与动力工程学院研究开发出来 2000 kV·A 大型电炉锌粉生产线在内蒙古某厂成功投产，才使这一状况得到改变。由于采用了粉料制粒、电炉中心单点连续加料、炉气高效冷凝器、易更换炉喉、复合密封等新技术，单条生产线产能达到 11 t/d，单位产品电耗降至 3400 kW·h/t，产品有效锌平均超过 90%，直收率达到 95%，安全性能也大大提高。2008 年，又在云南某公司投产了一条 2500 kV·A 电炉锌粉生产线，由于采用了新开发的两通道炉气分配器、双冷凝器及炉气自动稳压等专利技术，单条生产线产能达到 14.5 t/d，单位产品电耗降至 3200 kW·h/t，操作更为安全方便。可以说 2500 kV·A 电炉锌粉生产工艺技术及装备的成功开发,标志着国内矿热电炉冶炼锌粉的技术向前迈出了可喜的一步,有利于湿法炼锌工业降低成本、提高效率,并且极大方便了锌浮渣、氧化锌物料的综合利用。

4.1　基本原理

4.1.1　氧化锌还原反应的热力学

ZnO 被固体碳(C)还原时,在产生固体锌或液体锌的低温条件下,还原反应为

$$ZnO + C \longrightarrow Zn_{(固,液)} + CO \qquad (4-1)$$

这一反应的吉布斯自由焓变化为正值,反应是难以进行的。当在锌沸点以上温度条件下,还原后产生的锌便会变成气体锌,这一变化的熵值增加很大,促使标准自由能变化曲线上升更快,斜率变大。在 950℃ 左右,反应

$$ZnO + C \longrightarrow Zn_{(气)} + CO$$

吉布斯自由焓变化等于零。在这个温度以上变化一个相当小的温度,锌蒸气的压力就会发生一个很大的变化。当产生 $Zn_{(气)}$ 的反应进行时,假定分压 $p_{Zn} = p_{CO}$,$a_{ZnO} = 1$,$a_C = 1$,则反应的平衡常数可以简化为

$$K = \frac{p_{Zn}p_{CO}}{a_{ZnO}a_C} \qquad (4-2)$$

由此可以求出 700～1100℃ 锌蒸气分压为

温度/℃	700	800	900	1000	1100
p_{Zn}/kPa	1	7	37	148	495

从 p_{Zn} 数据看出,当温度从 900℃ 升至 1100℃ 时,ZnO 还原产生的锌蒸气压力增加很大,当反应系统的温度降低时,锌蒸气便会冷凝为液体。

在生产实践中,用 C 质还原剂还原 ZnO 时,起还原作用的主要还原剂是 CO,则主要还原反应为

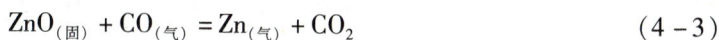

$$ZnO_{(固)} + CO_{(气)} = Zn_{(气)} + CO_2 \qquad (4-3)$$
$$\Delta G_1^\circ = 178020 - 111.67T(J) \qquad (4-4)$$

这一反应的 $p_{CO} = p_{Zn}$,而总压 $p_{总} = p_{CO} + p_{CO_2} + p_{Zn}$,则平衡常数为

$$-\lg K_1 = \lg \frac{p_{总} - 2p_{Zn}}{p_{Zn}^2} \qquad (4-5)$$

当 $p_{总} = 10^5$ Pa 时,便可以求出不同温度下的 p_{Zn}、p_{CO} 和 p_{CO_2}。不同温度下锌的饱和蒸气压强 p_{Zn}°(MPa)可按下式计算

$$\lg p_{Zn}^\circ = -\frac{685}{T} - 0.1255\lg T + 0.945 \qquad (4-6)$$

将上述计算结果列于表 4-1 中。

表 4 – 1　反应式(4 – 3)在不同温度下的各平衡分压值/MPa

项目	973 K	1173 K	1373 K	1573 K
$p_{CO_2} = p_{Zn}$	0.00166	0.01145	0.0327	0.0460
p_{CO}	0.09668	0.0771	0.0344	0.0077
p_{Zn}	0.047	0.059	0.341	1.2361

表 4 – 1 中的数据说明，固体 ZnO 用 CO 还原时，在反应器中得到的仍然是气体锌，必须降温至 $p_{Zn} = p_{Zn}^{\circ}$ 时，才能使锌蒸气冷凝得到液体锌。

表 4 – 1 的数据还说明，平衡气中的 $V(CO_2)/V(CO)$ 随温度升高而增大。在一般还原温度 1000 ~ 1100℃下，ZnO 被 CO 还原反应体系的平衡气相中，$V(CO_2)/V(CO)$ 接近 1，但温度降低 100℃时，这个比值将显著降低。所以在高温下产生的锌蒸气，在降温冷凝过程中会被气相中的 CO_2 所氧化。所以在生产过程中必须加入过量的炭，以保证以下反应的充分进行

$$CO_2 + C_{(固)} = 2CO_{(气)} \tag{4 – 7}$$
$$\Delta G_2 = 170460 - 174.43T(J) \tag{4 – 8}$$

当上述 ZnO 被 C 质还原剂还原时，为了使固体 C 不断还原 ZnO，必须满足平衡反应式(4 – 1)与式(4 – 7)。

分析反应式(4 – 1)可知，ZnO 被还原时，被还原的 Zn 与 O 的原子个数是相等的，如果用 N 来表示气相中各成分的分子数，它们之间的化学量关系如下

$$N_{ZnO} = N_{Zn} = N_O = N_{CO} + 2N_{CO_2} \tag{4 – 9}$$

改用分压表示时即
$$p_{Zn} = p_{CO} + 2p_{CO_2} \tag{4 – 10}$$

反应式(4 – 1)的
$$\lg K_1 = \lg \frac{p_{CO_2}p_{Zn}}{p_{CO}} = -\frac{17315}{T} - 3.51\lg T + 22.93 \tag{4 – 11}$$

反应式(4 – 7)的
$$\lg K_2 = \lg \frac{p_{CO}^2}{p_{CO_2}} = -\frac{8920}{T} \times 9.12 \tag{4 – 12}$$

联解式(4 – 10)、式(4 – 11)、式(4 – 12)三方程得到
$$2p_{CO}^3 + K_2 p_{CO}^2 - K_2^2 K_1 = 0 \tag{4 – 13}$$

当温度为 1200 K、1300 K、1400 K 时，平衡的饱和锌蒸气压 p_{Zn}° 及反应的平衡常数 K_1、K_2 列于表 4 – 2，由此计算出的 p_{CO}、p_{CO_2} 及 p_{Zn} 亦列于表 4 – 2 中。p_{Zn}、p_{Zn}° 及 $p_总$ 与温度的关系曲线见图 4 – 1，从图 4 – 1 看出，平衡计算出的 p_{Zn} 与 ZnO 和 C 平衡，从 1280 K 开始，$p_{Zn} > p_{Zn}^{\circ}$，这在物理学上是不可能的，锌蒸气应冷凝为液体锌，直到 $p_{Zn} = p_{Zn}^{\circ}$ 为止，故表中 1300 K 和 1400 K 温度下的计算值应以 p_{Zn}° 代 p_{Zn} 校准。于是 1300 K 和 1400 K 下的

$$p_总 = p_{Zn}^{\circ} + p_{CO(校)} + p_{CO_2(校)} \tag{4 – 14}$$

表 4-2　各温度下 ZnO 还原的平衡数据

压力/MPa	1200 K	1300 K	1400 K
p°_{Zn}	0.0772	0.192	0.415
K_2	4.84	18	55.6
K_1	4.96×10^{-4}	4.8×10^{-4}	0.0331
p_{CO}	0.049	0.29	1.293
p_{CO_2}		0.0048	0.0328
p_{Zn}	0.04925	0.2954	1.3664
$p_{CO(校)}$		0.453	4.44
$p_{CO_2(校)}$		0.0114	0.355
$p_总$	0.0928	0.656	5.21

　　从表 4-2 的数据看出, 在常压(10^5Pa)下使 ZnO 还原的平衡温度约为 1200 K, 即为 ZnO 被 C 开始还原温度。当体系的 $p_总$ 降低(即小于 10^5Pa), 这个开始还原温度便可降低, 但要在大工业火法冶金设备中维持这样的负压条件, 是很难实现的。当前火法炼锌的炉内的总压通常维持在 10^5Pa 左右, 所以要使 ZnO 被 C 还原反应不断进行, 必须保持 900℃ 以上的高温, 并且要大大超过这一温度, 如 1000℃ 以上, 才能保证反应在工业生产要求的速度进行。

　　图 4-1 及表 4-2 的数据说明, 当 ZnO 在 920℃ 左右还原时, 反应产生的平衡混合气体中, 锌的分压 $p_{Zn} \approx 0.4295 \times 10^5$Pa, 比纯液体锌的饱和蒸气压($p^\circ_{Zn} = 0.772 \times 10^5$Pa)小很多, 即还原反应产生的锌蒸气为未饱和的, 因此就不能得到液体锌。但是当温度升高且压力增大时, 还原反应产生的锌蒸气压力 p_{Zn} 比纯液体锌的饱和蒸气压力 p°_{Zn} 的增加更为迅速, 到 1010℃ 时两曲线相交(见图 4-1), 相交点的 $p_{Zn} \approx p^\circ_{Zn} \approx 2 \times 10^5$Pa, $p_总 \approx 3.5 \times 10^5$Pa。这个相交点的高温与高压条件, 便可以使 ZnO 直接被 C 还原得液体锌。但是要在生产实践中满足这种高温高压条件是有困难的, 即使能够满足, 要使锌蒸气完全转化为液体锌是不可能的, 仍然还应该有一个更为有利的过程来收集这些锌气体。

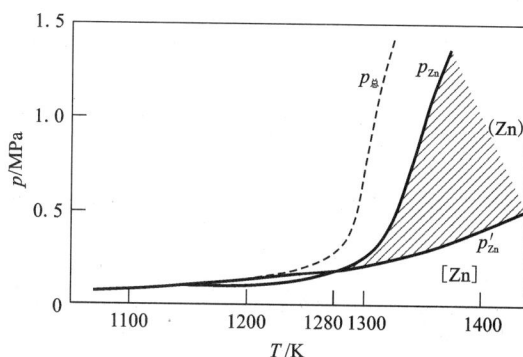

图 4-1　ZnO 用固体 C 还原得出液体锌所必需的温度与压力

假如 ZnO 用 C 还原时，有另一种不会蒸发的金属(如铜)同时被还原，它又能溶解锌，这样便能形成 Cu - Zn 液体合金，这样合金中的锌活度小于1，那么 ZnO 开始还原的温度也可以降低。这一热力学性质，是 Cu - Zn 矿直接还原生产黄铜的基础。

4.1.2 氧化锌还原反应的动力学

ZnO 用 C 还原由下列过程组成：①吸附在 ZnO 表面的 CO 还原 ZnO；②在 C 表面产生的 CO_2 被 C 还原；③ZnO 和 C 两固相表面之间气体的扩散。

这些过程是相互联系并同时发生的，其最慢的过程便是整个反应的控制过程。

整个反应速度测量表明，在固体 C 与 ZnO 表面上发生的化学反应速度较快，而两固体表面间的气体扩散过程是最慢的过程，即为整个反应的控制过程。所以增大两固体的表面积和缩短两表面之间的距离可以提高整个反应的速度。为此在平罐炼锌与竖罐炼锌中，必须将原料与还原剂细磨，并很好地混合，增加蒸馏罐中的气流速度，有利于气体的扩散，从而加速过程的进行，所以保证炉料有很良好的透气性特别重要。

在还原的平衡温度下，反应的动力和反应的速度可认为等于零。为了得到满意的反应速度，炉料过热到1000℃或1100℃以上是必要的。在这样的过热温度下，ZnO 与 C 两固相表面上的气体组成，都达到平衡组成，在 ZnO 与 C 之间的 CO、CO_2 气体，对于两者都具有最大的反应速度。但是对于单位面积上的反应速度而言，ZnO 的还原比 CO_2 在 C 表面上还原反应速度大。由于 C 的表面积可能比 ZnO 表面积大几倍，所以在生产实践上要加入过剩的 C 才能保证进行足够的 CO_2 还原反应，以使气相中的 $V(CO)/V(CO_2)$ 接近于与 C 平衡，以适应 ZnO 还原反应的需要。实践中加入的 C 量一般按理论 C 量的 1.1 ~ 1.5 倍计算，这也是保证气相中低 CO_2 浓度所必需的。

ZnO 用 C 还原是一个强吸热反应，再加上1000℃下反应产物的热含量及锌的蒸发热，每生产 1 kg 锌约需要 5650 kJ 的热，这是火法炼锌的主要问题之一，它往往限制了反应速度。所以改善火法炼锌的供热，是强化生产的重要措施。

ZnO - C 系的还原反应是在这两反应物表面上进行的反应，反应式为

$$ZnO + CO \Longrightarrow Zn + CO_2 \qquad\qquad (4-15)$$

$$C + CO_2 \Longrightarrow 2CO \qquad\qquad (4-16)$$

根据坦努托夫用热重法进行的研究，得到 ZnO - C 系反应的失重(ΔW)曲线和 $\ln K$ 与温度的关系见图 4 -2，图中数字表示 C 与 ZnO 分子比 n_C° 和升温速度 $q(K/min)$ 的变化。

处理这些曲线表明，相互反应开始的温度(T_0)随 $n_C^{\circ}(=n(C)/n(ZnO))$ 的变化可用下式表示：

$$T_0 = 980 + 6.5q + 50.8(n_C^{\circ})^{-1}$$

当 $q \to 0$ 及 $n_C^{\circ} \to \infty$ 时的 T_0 和用热力学数据计算的相互反应开始温度(约960 K)相符合。

当温度升至 1150 ~ 1190 K，反应总速度很小，随后则依温度上升强烈增大，而高于1300 ~ 1400 K 时反应速度就减慢。只要物料中 $n_C^{\circ} > 0.75$，在一定的升温速率 q 下，n_C° 的比值再提高也不影响还原过程完成所需的温度(T_K)，在反应减慢之前 n_C° 的增大只是增加反应进行的强度。降低升温速度时，升温曲线和 T_K 则向低温方面移动。当 $n_C^{\circ} \geqslant 0.75$ 时，所有样品中的 ZnO 还原程度为 99.98% ~ 99.99%。若 n_C° 降至 0.5 时，ZnO 的还原程度只达到 72.9%。

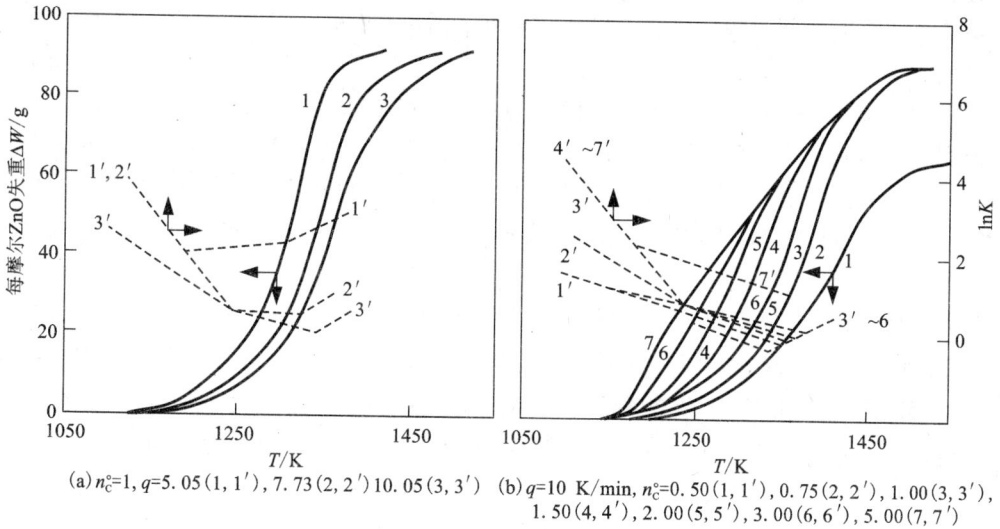

$n_C^\circ=1, q=5.05(1,1'), 7.73(2,2')10.05(3,3')$　(b) $q=10$ K/min, $n_C^\circ=0.50(1,1'), 0.75(2,2'), 1.00(3,3'),$
$1.50(4,4'), 2.00(5,5'), 3.00(6,6'), 5.00(7,7')$

图4-2　ZnO-C系反应的失重(ΔW)曲线和lnK与温度的关系

设反应带的气相 $V(CO)/V(CO_2)=K$，处理试验数据得：

$$\lg K = AT^{-1} + B \qquad (4-17)$$

温度坐标的 $\lg K - T^{-1}$ 曲线的各段位置与三段失重曲线的特征相适应。当 ZnO 的转化程度 α_{ZnO} 接近一定值时，失重曲线第一段与第三段的表现活化能 E_1 和 E_3 亦为定值，分别为 152.5 kJ/mol 和 88.3 kJ/mol。第二段失重曲线即 α_C 为定值时，其表现活化能 E_2 为 192.1 kJ/mol。这些数据表明，在失重曲线的第一段与第三段温度区间反应受 ZnO 的表面积控制，第二段则为 C 的表面积控制。

4.1.3　锌蒸气的冷凝

ZnO 被 C 还原后产生的反应气体中含有 Zn、CO 和 CO_2，本节讨论这种混合气体在系统内为常压($p=10^5$ Pa)情况下，从反应温度开始冷却时发生的反应。锌蒸气从气态冷凝、冷却到变成锌粉有如下两个物理化学过程：锌蒸气快速冷凝到液体锌、液体锌冷却凝固成锌粉。

(1)锌蒸气冷凝到液体锌

假如在整个反应的温度下，ZnO 的还原反应式(4-15)与 CO_2 被 C 还原产生 CO 的反应式(4-16)建立了完全平衡，而在冷却时两反应都会逆向进行，产生固体 ZnO 和 C。但是产生 C 的逆向反应式(4-16)速度很慢，气体冷却时，实际生成炭黑的数量一般是很少的。反应式(4-15)则相反，冷却时的逆向速度很大，除非特别预防。所以当反应气体冷却时，其中的 CO_2 将完全与当量的锌蒸气作用。例如一种含50% Zn 49% CO 1% CO_2 的气体冷却时，则按质量计算，有2%的锌被氧化。如果采用温度(高于1000℃)和过量2~3倍的 C 量，使空气中的 CO_2 含量降到0.1%，便只有0.2%锌被氧化。

即使生成的 ZnO 很少，也对冷凝过程起着有害的作用。使锌液滴被一层 ZnO 盖住，阻碍液滴进一步汇合成大粒。因此在火法炼锌的过程中有蓝粉生成，这种蓝粉实质上就是被 ZnO 覆盖的锌滴，减少了锌蒸气冷凝为液体锌的冷凝效率。一般气体中的 CO_2 含量愈高，生成蓝粉量愈多，冷凝效率便愈低。

锌蒸气的冷凝过程，是一个单一组分的两相平衡过程，即

$$Zn_{(液)} \Longrightarrow Zn_{(气)} \qquad (4-18)$$

$$\Delta G^\circ = 170400 - 91.25T \text{ (J)} \qquad (4-19)$$

根据相率可知道，这个过程的自由度为 1。这就表明，在平衡状态下，锌的饱和蒸气压只为温度的函数。根据平衡时的 ΔG°，可求出平衡温度为 1177 K（904℃）。这个温度便是标准状态下，纯液体锌与 10^5 Pa 压力气体锌成平衡的温度，也就是锌的沸点，与实测的 906℃ 稍有差异。

800℃时的 $\Delta G^\circ = 9502$（J），则 $9502 = -1915T \lg K$，于是：$K = p_{Zn}/a_{Zn} = 0.345$。取纯锌的活度为 1，则 $p_{Zn} = 0.354 \times 10^5$ Pa，这就是说，在 800℃ 下气相中 $p_{Zn} > 0.345 \times 10^5$ Pa 时，这种锌蒸气便会冷凝为液体锌，一直冷凝到 $p_{Zn} = 0.345 \times 10^5$ Pa 为止。气相中锌的压力愈大，开始冷凝的温度也愈高。例如 $p_{Zn} = 0.5 \times 10^5$ Pa，相当于 840℃ 下液体锌的饱和蒸气压，即这种锌蒸气开始冷凝的温度为 840℃。为了使这种锌蒸气 99% 冷凝为液体，应该维持 10^5 Pa 气压下的锌的饱和蒸气压为 0.01×10^5 Pa，则冷凝器前段温度应保持 600℃ 以下。

高温含锌气体通过炉喉进入冷凝器，在入口处温度为 950~1050℃。随着炉气向前流动，锌蒸气在冷凝器内冷却并冷凝成液体锌，同时放出大量的热量，把 1 kg 锌蒸气冷凝成 600℃ 的液体锌约放出 1674 kJ 的热量，这些热量需及时从冷凝器排出，才能使冷凝器内保持锌蒸气冷凝过程所要求的温度。所以在设计冷凝器时，必须充分考虑热量的排出即冷却问题，炉气在冷凝器前段的急冷尤其重要，其目的是使炉气通过临界再氧化区时迅速冷却，防止锌蒸气再氧化。

（2）液体锌的冷却凝固

含有细小液体锌的炉气向前运动过程中会放出热量，液体锌颗粒从液态变成固态即电炉锌粉，把 1 kg 600℃ 的液体锌冷却为 200℃ 固体锌会放出约 294 kJ 的热量，这些热量亦需及时从冷凝器排出，才能使冷凝器内保持液体锌冷却过程所要求的温度，冷凝器中后段温度一般保持在 150℃ 以下。由于冷凝器内温度呈前高后低的分布，因此气流在运动过程中的速度也会逐步降低，因而大部分锌粉会下沉到冷凝器下部的粉斗，只有小部分极细的锌粉会随气流进入系统后部的收尘系统。

锌粉颗粒的大小是由冷凝器中后段温度所决定的。从冷凝器前段流过来的气流中的极细液体锌颗粒会随着气流的湍动，相互间碰撞、聚合，逐步成为较大颗粒的液体锌。然而随着温度的降低，液体颗粒的表面张力也越来越大，其进一步聚合的趋势越来越小，并在进一步放热过程中，液态锌颗粒从表面开始向颗粒中心依次凝固成为颗粒状的锌粉。

4.1.4　冶金炉渣

矿热电炉还原挥发冶炼锌粉的目的就是从锌焙烧矿或锌的氧化矿中还原氧化锌，得到的气态锌进入冷凝系统得到金属锌粉。在此过程中同时还得到了一种熔体，该熔体主要由炉料的金属和非金属氧化物或冶金过程中生成的氧化物组成。这种熔体就称为熔渣或炉渣。炉渣是炉料中各种金属和非金属氧化物在熔炼时形成的共熔体。这些氧化物相互形成化合物、固溶体、液体溶液等，其中还有少量的金属硫化物和单体金属，如铁、铜、铅等。

炉渣是火法冶金过程的一种必然产物。熔炼时产出的炉渣占炉料量的 25%~80%。冶

炼过程能否正常进行，冶炼的技术指标和经济效益在很大程度上取决于炉渣的物理化学性质。不同组成的炉渣具有不同的性质，因此在生产实践中，必须选择合理的渣型，来满足生产过程的需要。就像所有火法冶炼一样，渣型控制在矿热电炉冶炼锌粉工艺中占有重要位置，生产工艺过程是否稳定、能耗是否能有效降低、渣含锌是否能控制在较低水平等一系列问题的有效解决，都有赖于好的渣型选择与控制。

（1）炉渣在冶金过程中的作用

1）在绝大多数情况下，炉渣的主要作用是把炉料中的无价值组分在熔炼过程中集中在一起，以便分离出其中的有价成分。熔渣几乎容纳了炉料中全部脉石和大部分杂质，并在造渣的同时完成了金属的某些熔炼和精炼过程。例如电炉锌粉生产过程中用的含锌物料中含有大量脉石，在还原熔炼过程中，连同还原剂中的灰分和加入的熔剂，共同熔化为炉渣，金属锌被还原出来，在此温度下呈气态挥发出去，残留的锌存在渣中。

2）炉渣是一种介质，其中进行着许多极为重要的化学反应，炉渣的性质对有价金属在炉渣中的机械损失起着决定性的作用。

3）炉渣是炉子供热制度的调整器，也就是说，炉内可能达到的最高温度取决于炉渣的成分。因为对于低熔点渣型，燃料或其他能耗的增加，只能加大炉料的熔化量而不能提高炉子的最高温度。所以要提高冶炼过程的最高温度，必须选择熔点适当高的渣型。

4）在某些冶炼过程中，炉渣是冶炼的主要产物。例如，在用含铜、铅、砷和其他杂质较高的锡矿进行所谓造渣熔炼时，首先使 90% 的锡造渣，而只炼出少量集中着大部分杂质的锡，然后再由炼得的含锡炉渣熔炼出粗锡。

5）在许多金属硫化矿烧结或焙烧过程中，熔渣是一种黏合剂。烧结时，易熔炉渣将细粒炉料黏结起来，冷却后就形成了具有一定强度的烧结块。

6）在某些情况下，覆盖在金属表面上的熔渣，作为一种保护层，可以保护金属或合金熔体不被氧化性气体所氧化，或减小有害于金属性能的气体（如 H_2、N_2 等）在金属熔体中的熔解，以防止金属或合金熔体受到污染。

7）在某些电炉熔炼时，如矿热电炉和电渣重熔炉等，熔渣是发热体，为冶炼或精炼提供所需要的热量。

炉渣在炼锌电炉的还原挥发熔炼过程中起着尤其重要的作用。有人说："炼锌就是炼渣"，表述得非常确切。如果渣型选得适宜，再加上严格的技术操作条件，电炉的产量就高，渣含锌就低，其他技术指标也好，而且炉衬的腐蚀也小。反之，则冶炼的技术经济指标均下降，且对炉衬的腐蚀严重。

任何事物都有其两面性，炉渣也有其不利的方面，例如，炉渣对炉衬的化学侵蚀和机械冲刷，大大缩短了炉子的使用寿命。炼锌电炉的炉渣的产出率占入炉料量的 25% ~50%，该比率又称为渣率，这样高的渣率必然带走大量的热，大大地增加了电能的消耗等。

（2）渣型的选择

选择炉渣渣型时，需要考虑的主要因素如下：

1）应满足冶金过程的要求。因为造渣的首要任务是用于排除炉料中的无价和有害组分，所以选择渣型应能在最大程度上集中熔解这些组分，尽可能少地溶解和夹带炉料中的有价值金属。也就是使渣中的锌含量降至最低程度。

2）炉渣的熔炼要与冶炼过程相适应。如三氧化二锑易还原，易挥发，故锑还原熔炼要求炉渣熔点尽可能低，易熔。而电炉炼锌的还原挥发反应，要在1050℃以上才能迅速进行，而实际要求反应温度在1100~1200℃以上，故其渣型要满足1100~1200℃以上的熔化温度。

3）最低的造渣费用。熔炼矿石或焙烧矿时，其中的脉石成分很少能单独满足造渣的要求，这就是说自熔矿石是很少的。在大多数情况下，需要添加熔剂，以便与脉石组成合理的炉渣，要求造成的炉渣消耗的熔剂量要少。使用很多熔剂时，不仅熔剂本身的消耗增加了成本，而且增加了渣量，会造成金属损失的增加；再则由于熔剂消耗量的增加，从而增大了热能（电能）的消耗量，增加了成本。

4）要求炉渣黏度要小，渣流动性好。通常炉渣和金属在熔炼完成后的分离是靠重力沉降分层，炉渣分层和放出都要求其具有良好的流动性。炉渣黏度大，难与金属分离，会造成金属的机械损失。对于电炉炼锌来说，炉渣的黏度小，有利于还原反应所产生的气体产物的扩散和逸出，能够降低渣锌含量。炉渣的黏度小，还有利于炉内熔体的内部循环流动，有利于熔体与固体料堆的接触，有利于过程的传质和传热，使得还原反应更顺利地进行。

5）密度要小。利于炉渣与金属或金属锍的分离。

6）腐蚀性小。要求炉渣应具有适宜的酸碱度，以适应炉料材质的需要，因而对炉衬耐火材料要有尽可能低的腐蚀性，以保护炉料，延长炉寿。

冶金炉渣是一种极为复杂的体系，要很好地完成造渣任务，还必须掌握炉渣的内在规律，因此对炉渣性质的研究就显得十分重要。矿热电炉冶炼锌粉一般选用 $SiO_2 - FeO - CaO$ 三种主要氧化物组成的炉渣，三种氧化物占炉渣总量的80%~85%，其熔点应在1100~1300℃之间，黏度、导电率及密度均适中。在实际生产过程中要根据生产情况和工艺条件，配入适量的熔剂，形成性能优良的炉渣。

总之，工业生产对炉渣的要求是多方面的，故选择一种十全十美的渣型是比较困难的，其中矛盾的因素很多，必须在技术经济等多方面进行比较，才能获得一种较为合理的渣型。

4.1.5 炼锌矿热电炉内的主要化学反应分析

在炼锌矿热电炉内发生的主要化学反应有

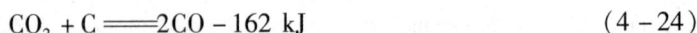

$$ZnO + C = Zn_{(气)} + CO - 367 \text{ kJ} \tag{4-20}$$

$$ZnO + CO = Zn_{(气)} + CO_2 - 188 \text{ kJ} \tag{4-21}$$

$$PbO + C = Pb + CO - 91 \text{ kJ} \tag{4-22}$$

$$PbO + CO = Pb + CO_2 - 67 \text{ kJ} \tag{4-23}$$

$$CO_2 + C = 2CO - 162 \text{ kJ} \tag{4-24}$$

为了方便，将矿热电炉内按照熔炼过程划分为三个区域来叙述。实际上炉内三个区域之间没有明显分界，只是为了分析方便而进行的划分。

（1）炉料加热区

加入炉内的含锌物料的温度为100℃左右，在此区域中炉料吸收热量，而被加热到1000℃以上，炉料中的部分 PbO 被还原。在此区域内，由于加热过程温度的差别，PbO 的还原分为三种情况

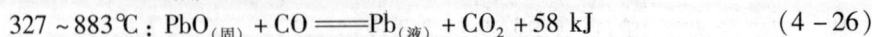

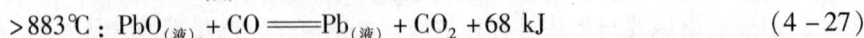

$$\leq 327℃: PbO_{(固)} + CO = Pb_{(固)} + CO_2 + 64 \text{ kJ} \tag{4-25}$$

$$327 \sim 883℃: PbO_{(固)} + CO = Pb_{(液)} + CO_2 + 58 \text{ kJ} \tag{4-26}$$

$$> 883℃: PbO_{(液)} + CO = Pb_{(液)} + CO_2 + 68 \text{ kJ} \tag{4-27}$$

上述三式均为放热反应,其反应平衡常数方程为

$$\lg K_p = \frac{3250}{T} + 0.417 \times 10^{-8} T + 0.3 \qquad (4-28)$$

按照上述方程计算结果见表 4-3。由表 4-3 数据,PbO 还原所需 CO 浓度不大,在低于 1000℃ 的温度下为万分之几到千分之几,而在高于 1000℃ 时,CO 浓度为 3%~5%。不管是固体氧化铅还是液体氧化铅都是易还原的氧化物。

表 4-3　CO 还原 PbO 的热力计算表

$t/℃$	$\lg K_p$	平衡气相中 CO 含量/%	$p = 0.1$ MPa 时,p_{CO}/Pa
300	5.17	0.001	1.013
727	-2.87	0.13	11.9
1227	-1.24	5.10	5219.4

由于 PbO 比较容易在低温下被还原,所以上述反应主要发生在炉内加热区。随着炉料不断加热和移动,炉料进入还原区,气体混和物中 CO 的含量不断增加,PbO 能够被固态 C 直接从其氧化物中还原。

$$PbO + C \Longrightarrow Pb + CO - 91 \text{ kJ} \qquad (4-29)$$

(2)炉料还原区

这一区的温度在 1000~1200℃,是 ZnO 还原成 Zn 的区域。该区域中,ZnO 按照反应式(4-20)、式(4-21)还原,上升炉气中的 CO_2 部分被固体 C 按照反应式(4-24)被还原。此区域发生的三个主要反应都是吸热反应,主要靠周围环境的显热来供给。希望 ZnO 在此区域中以固体状态还原越多越好,因为通过此区域后炉料将熔化造渣,ZnO 会熔于渣中,而渣中 ZnO 的活度系数变小,还原变得困难,致使渣中锌含量增加。

ZnO 在此区域中能否以固体状态尽量被还原,主要取决于炉渣的熔点。易熔炉渣会很快熔化,会使 ZnO 不能完全从渣中还原出来,所以矿热电炉炼锌希望造较高熔点渣。

通过这一区域炉气中 Pb 和 As 的含量比较大,当达到上部较低温度区域时,便部分冷凝在较冷的固体炉料上,随炉料到达此高温区域又挥发,即这些易挥发的物质在此区域循环。被还原的 Pb 会在此处溶解其他被还原的金属,如 Cu、As、Sb、Bi,同时还捕集了 Au 和 Ag,存留在渣中。

(3)炉渣熔化区

此区域的温度在 1200℃ 以上,炉渣在此区域完全熔化,熔于渣中的 ZnO 在此带被还原。据推算,约有 60% 的 ZnO 是在此区域中从液态炉渣中被还原的,因而要消耗大量的热;同时炉渣完全熔化需要大量的热。所以炉料在此区域消耗的热量最多,这些热量主要来源于矿热电炉电极产生的电弧热和电流通过炉内导电熔体时产生的焦耳热,并在此区域造成 1350℃ 左右的高温来保证炉渣的熔化和过热。

炉渣中的 ZnO 还原需要炉气中较高的 CO 浓度,这就希望提高炉料中的碳锌比。但是这样不仅要消耗更多的焦炭,同时也是防止氧化铁还原所不允许的。这一矛盾的解决要根据具体生产条件来提出具体办法,包括原料成分、原料价格、电价等均是主要参考因素,部分生

产企业已在生产实践中总结出了一套较好的办法。总之，正确地选择碳锌比是提高产量、降低成本的一个有效方法。

综合上述三区域反应的分析可知，矿热电炉炼锌炉内发生的变化是复杂的，上面分为三个区域也只是为了叙述的方便。所以对矿热电炉内反应的研究完全应该从实际出发，才能作出正确的结论。

在矿热电炉中，约有40%以上的ZnO是从固态炉料中还原的，其余部分从熔化后的炉渣中还原出来。应该对这两部分的还原进一步作出热力学分析，以便更好地掌握生产条件。从上述各区域反应分析可知，在炉内还原的反应主要是气固两相的还原反应，包括有

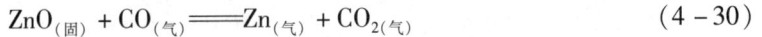

$$ZnO_{(固)} + CO_{(气)} \Longleftrightarrow Zn_{(气)} + CO_{2(气)} \qquad (4-30)$$

$$\Delta G' = 178020 - 111.67T \qquad K = (p_{Zn} \cdot p_{CO_2})/(\alpha_{ZnO} \cdot p_{CO})$$

$$C_{(固)} + CO_{2(气)} \Longleftrightarrow 2CO_{(气)} \qquad (4-31)$$

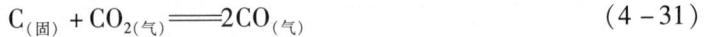

$$\Delta G' = 170460 - 174.43T \qquad K = p_{CO}^2/(\alpha_C \cdot p_{CO_2})$$

两反应式相加得到$ZnO_{(固)}$被$C_{(固)}$还原的总反应式

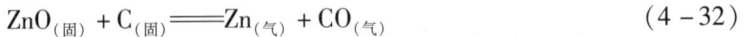

$$ZnO_{(固)} + C_{(固)} \Longleftrightarrow Zn_{(气)} + CO_{(气)} \qquad (4-32)$$

$$\Delta G' = 348480 - 286.1T(J)$$

从式(4-32)的$\Delta G'$可以看出，ZnO(固)用固体C还原是一个强烈的吸热反应，在冶炼过程中需要吸收大量的热，这是火法炼锌的重要特征之一。上述各反应的p_{CO_2}/p_{CO}与温度平衡关系示于下图4-3。

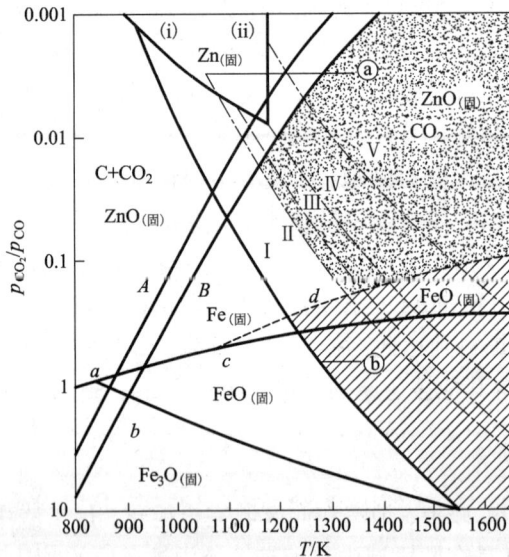

图4-3　p_{CO_2}/p_{CO}与温度平衡关系

图 4-3 中有关反应的平衡条件如下

反应式（4-30） $ZnO + CO \rightleftharpoons Zn_{(气)} + CO_2$

曲 线	I	II	III	IV	V
a_{ZnO}	1.0	1.0	0.1	0.05	0.01
p_{Zn}	0.06	0.45	0.06	0.06	0.06

反应式（4-31） $CO_2 + C \rightleftharpoons 2CO - 162 \ kJ$

曲 线	A	B
$p_{CO} + p_{CO_2}$	0.02	0.55

根据生产实践，矿热电炉炼锌炉气中，锌的浓度一般为 40% ~ 45%，甚至更高。与竖罐炼锌炉气成分基本相同，比鼓风炉炼锌炉气中锌浓度要高出很多。同时，矿热电炉对炉内物料热供给是由电能转化而来，不是靠燃烧炉料中的焦炭供热，所以炉气中 p_{CO_2}/p_{CO} 很小，炉气的还原性很强。部分竖罐炼锌和电炉炼锌厂的炉气成分如表 4-4 所示。

表 4-4 不同厂家含锌炉气的大致成分/%

厂 名	Zn	CO	CO₂	O₂	H₂	C_mH_n	N₂
	40	46.5	1.0		4	1.0	3
葫芦岛锌厂	34	45	0.85	0.66	3.47	0.99	14.85
	31.6	46.3	0.86	0.68	3.58	1.03	15.4
St. joe 厂	45	45	0.88	0.77			8.26

厂 名	Zn	CO	CO₂ + N₂		H₂ + H₂O		
新泽西锌厂	40	45	7		8		
天水鑫能电冶	45	46	1.0				

从图 4-3 中可知，矿热电炉工作在曲线 II 与曲线 B 所划分区域的右侧，且 $p_{CO_2} + p_{CO} \leqslant 0.01$。

从熔融矿渣中还原的 ZnO 占入炉炉料的 60% 左右，故保证这部分 ZnO 的还原完全对矿热电炉炼锌具有很大的意义。在炉渣熔化区内，炉渣完全熔化，ZnO 溶解在液态炉渣中，从这种液态炉渣中还原 ZnO 是比较困难的，要求较强的还原性气氛和温度。由于未找到有关矿热电炉炉渣中 ZnO 还原状态相图资料，这里采用鼓风炉炼锌炉渣中 ZnO 的资料进行类比说明。两者尽管炉型不同，但都属于火法炼锌，机理上具有可比性和相似性。对鼓风炉炼锌而言，如图 4-3 中 III、IV、V 曲线所示。在维持气相中的 $p_{Zn} = 6000 \ Pa$，ZnO 的活度分别为 0.1、0.5 及 0.01 时，得到图 4-3 中 III、IV、V 曲线，与曲线 I 比较，它们都向图的右上方移动。这说明，要使液态渣中的 ZnO 完全还原，随着 ZnO 活度降低，其所要求的反应条件越来越苛刻，反应越难进行。对矿热电炉，气相中的 $p_{Zn} = 45 \ kPa$ 左右，如图中 II 曲线所示，其炉渣中 ZnO 还原相图曲线与鼓风炉类似，也应该向图的右上方移动。

要使液态渣中的 ZnO 完全还原，势必引起 FeO 还原成金属铁。所以，在炉渣中 ZnO 被还原时，FeO 也会部分被还原。例如在 1150℃下，当渣中 $a_{ZnO} = 0.4$ 时，渣中 ZnO 一直可以被还原到 $a_{ZnO} = 0.05$ 时为止，但要使 ZnO 进一步被还原，而 FeO 又不还原成金属铁，则是难以办到的。生产实践说明，当渣含锌降到 2% 以下时，由于 FeO 还原成金属铁，作业的困难性就增加了。目前矿热电炉炼锌的渣含锌为 4% ~ 8%，鼓风炉炼锌的渣含锌为 5% ~ 10%，这个数值比热力计算平衡值高出很多，说明渣含锌有进一步降低的可能。另外，炉渣的电导率对矿热电炉炼锌工艺的控制尤为重要。熔渣有离子导电性并可以电解，充分体现出炉渣的离子本性。组成熔渣的氧化物由于结构不同，电导率有很大差别。渣中 SiO_2、B_2O_3 和 GeO_2 这类化合物易形成聚合阴离子，在电场作用下难以实现电迁移，电导率很小，在熔点时 $\gamma \leqslant 1\ S/m$。碱性氧化物中离子键占优势，熔融态时离解成简单阴离子，易于实现电迁移，在熔点时 $\gamma \approx 100\ S/m$。一些变价金属化合物如 FeO、CoO、Cu_2O、MnO_2、V_2O_3 和 TiO_2 等氧化物表现很大的电子导电性，其电导率高达 15000 ~ 20000 S/m。

表 4 – 5　部分二元硅酸盐熔体的电导率

体系	$x_{MnO}/\%$	$t/℃$	$\gamma/(S \cdot m^{-1})$	体系	$x_{MnO}/\%$	$t/℃$	$\gamma/(S \cdot m^{-1})$
$Li_2O \cdot SiO_2$	33 ~ 58	1100	73 ~ 330	$BaO \cdot SiO_2$	21 ~ 42	1400	1 ~ 13
	33 ~ 50	1500	170 ~ 630		21 ~ 54	1750	6 ~ 60
$Na_2O \cdot SiO_2$	19 ~ 34	1100	25 ~ 68	$FeO \cdot SiO_2$	58 ~ 83	1300	130 ~ 1830
	19 ~ 34	1500	64 ~ 180		58 ~ 83	1450	280 ~ 2900
$K_2O \cdot SiO_2$	18 ~ 34	1100	16 ~ 58	$MnO \cdot SiO_2$	47 ~ 77	1340	43 ~ 250
	18 ~ 34	1500	40 ~ 110		35 ~ 77	1700	60 ~ 950

炉渣电导率随温度的升高而增加，随组成和成分的变化，在相当大的范围内变化。

4.2　工艺流程及主要设备

4.2.1　工艺流程

电炉锌粉制造工艺流程主要包括炉料准备和配料、矿热电炉熔炼和锌粉冷凝、锌粉分级及煤气回收四个工段。经过备料及配料后合格的物料加入矿热电炉，经熔炼、锌金属还原挥发并冷凝后成为锌粉，再送到筛分系统进行筛分，产出合格锌粉，尾气经净化加压后回收成为工业煤气。工艺流程图(图 4 - 4)及车间配置图(图 4 - 5)分别如下。

4.2.2　炉料准备及配料

本工序的基本任务就是为电炉冶炼提供化学成分合理、稳定、粒度合格、水分为 0.5% ~ 1.0% 的炉料。准备好的原料和辅助材料按照一定的配料比经计量配料、制粒、混料均匀、并烘烤干燥后，由提升装置运送至矿热炉上部炉料料仓，再由下部螺旋给料机加入电炉。

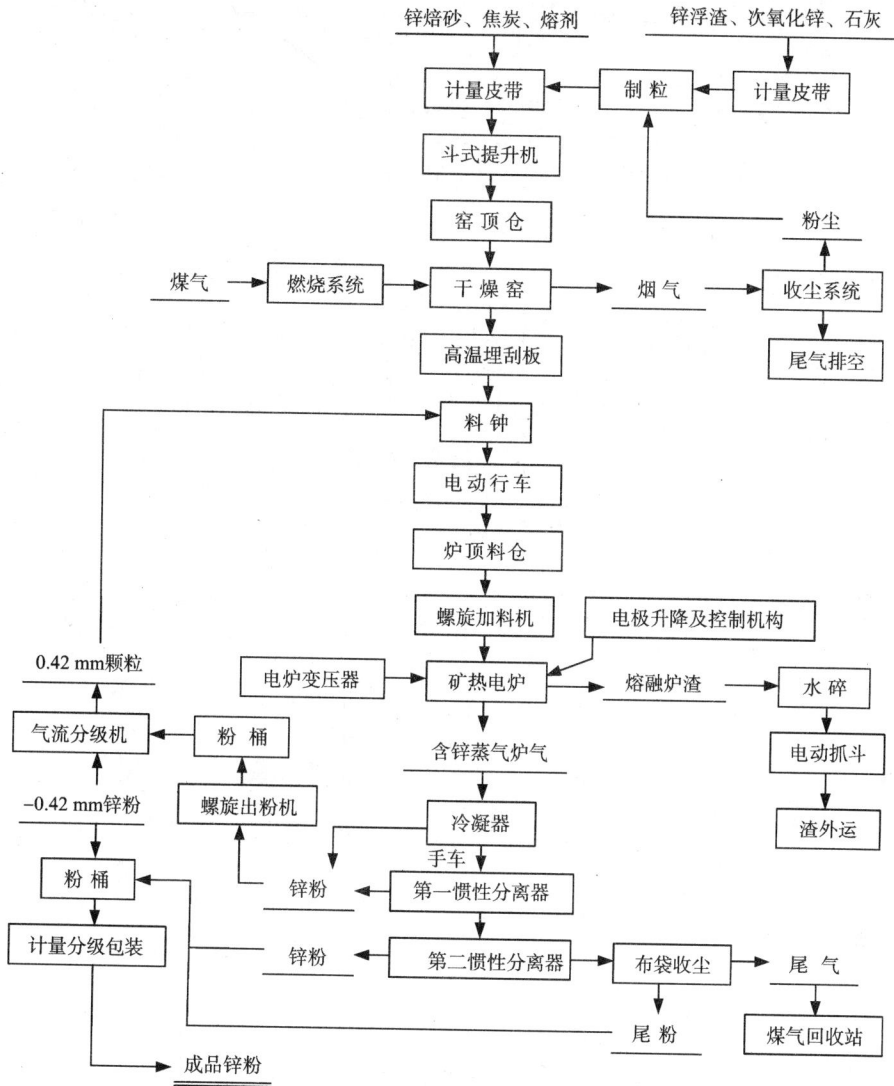

图 4-4　工艺流程图

4.2.2.1　炉料准备

外购原材料需严格按品质要求标准采购。外购或由本厂焙烧车间产出的合格高温锌焙砂按级堆放在焙砂库内，取样做全分析后供配料使用；锌浮渣和氧化锌均应经过脱氟氯处理，使氟氯含量低于冶炼要求，取样做全分析后供配料使用；外购冶金焦粒的粒度为 5~15 mm，取样化验后供配料使用；作为熔剂的生石灰、石英砂、铁矿等均需经破碎筛分，符合粒度（1~10 mm）要求，并取样化验后供配料用。表 4-6 至表 4-13 为主要原辅材料的品质要求。

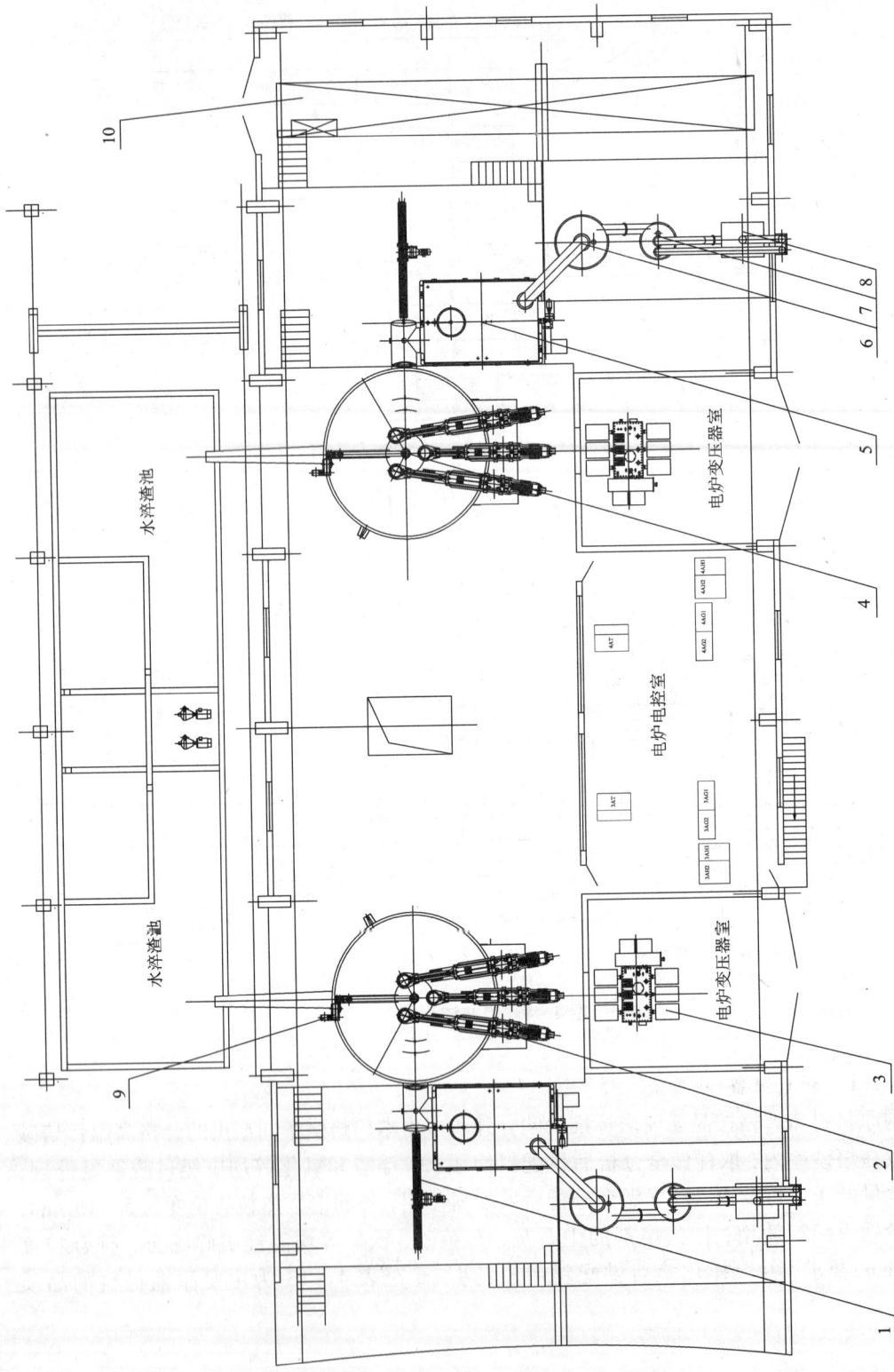

图4-5 电炉锌粉车间配置图

1—炉喉清理装置；2—电极夹持及升降装置；3—电炉变压器；4—密闭式矿热电炉；5—锌粉冷凝器；6—第一惯性分离器；7—第二惯性分离器；8—高温布袋收尘器；9—螺旋加料机；10—电动双梁起重机

水淬渣池

水淬渣沟

电炉变压器室

电炉电控室

电炉变压器室

表 4－6　锌焙砂的成分/%

Zn	Pb	S	H_2O
≥55.0	<2.0	<1.0	<1.0

表 4－7　氧化锌的成分/%

Zn	Cl	F	H_2O
≥50.0	<0.3	<0.3	<1.0

表 4－8　锌浮渣的成分/%

Zn	Cl	H_2O
≥75.0	<0.3	<1.0

表 4－9　焦炭的成分/%

固定碳 C	S	H_2O	灰分
≥82	<1.2	<6.0	<12.0

表 4－10　石灰石的成分

CaO/%	H_2O/%	粒度/mm
≥75.0	<6.0	1.0～10.0

表 4－11　石英石的成分

SiO_2/%	H_2O/%	粒度/mm
≥90.0	<6.0	1.0～10.0

表 4－12　铁矿石的成分

FeO/%	H_2O/%	粒度/mm
≥40.0	<6.0	1.0～10.0

表 4－13　石墨电极品质及技术指标符合 GB 3072—88

序号	指标名称	单位	数据
1	比电阻	$\Omega \cdot mm^2/m$	10
2	允许电流密度	A/cm^2	18
3	抗压强度	MPa	18
4	真比重(密度)	g/cm^3	2.10
5	假比重(密度)	g/cm^3	1.52

合格的外购原辅材料亦需经过预处理才能加入电炉,要求如下:

(1)物料粒度要求。颗粒太大的物料容易使螺旋加料机卡死,入炉后不容易熔化造渣;颗粒太细容易在下料包处结块,而且入炉后容易随气流飘入炉喉,导致炉喉堵塞。另外,加入的粉料易被熔渣卷入,尤其是含 ZnO 的物料进入渣中,使锌的还原挥发反应不易进行。因此物料应经过破碎、筛分、粉料制粒等工序。

(2)物料水分要求。物料含水越低越好,但会增加设备投资和运行成本;过高的水分会使物料黏结,同时水分随炉气进入冷凝器后会使锌粉氧化而降低有效锌含量,并且使锌粉结块于冷凝器及收尘设备内壁,造成出粉困难。因此物料应经过烘烤工序,根据经验,合格物料水分以不低于 0.5%、不高于 1% 为宜。

4.2.2.2　主要工序及设备介绍

备料工序包括破碎及筛分、制粒、配料、烘烤等几个工序。最近投产的企业大多采用机械化流水作业,物流采用机械输送,包括料仓在内的各个扬尘点考虑收尘,以满足提高劳动生产率和洁净化生产的需要。但也有一些以前投产的企业仍然采用人工备料和配料、人工反射炉烘烤的工艺。下面介绍机械化配料的基本工艺。

(1)破碎及筛分

石灰石、石英石、铁矿石及焦炭等物料采购回厂后全部或部分为块状,需经粗破、细破、筛分，去除大颗粒和粉状物料，确保粒度符合要求。合格品进入各自专用储仓，供电炉配料使用。

主要设备包括：颚式破碎机、对辊破碎机、直线筛、皮带运输机、斗式提升机、布袋收尘器等。

（2）粉料制粒

经处理合格的锌浮渣、氧化锌、回转窑和矿热电炉收尘系统出来的返回料等需经过配料、制粒，成为 5～10 mm 的球形颗粒后进入专用储仓，供电炉配料使用。

主要设备包括：振动给料机、计量皮带、皮带运输机、圆盘制粒机、斗式提升机、布袋收尘器等。

（3）配料

配料就是把合格的锌焙砂、含锌物料制粒后的球形颗粒、焦炭、熔剂等物料根据冶炼工艺的要求按一定比率混合均匀。配料是一个很重要的工序，它确保了冶炼过程的顺利进行，也是渣型控制的前提，它有赖于准确的化验、精确的计算、准确的计量。

由于计算机及计量、自动控制技术的进步，很多有色金属冶炼过程中都采用了自动配料技术，减轻了工人的劳动强度、提高了准确度。在矿热电炉冶炼锌粉工艺中，一些生产企业也进行了有益的尝试，取得了一定的成效。

主要设备包括：振动给料机、计量皮带、皮带运输机、斗式提升机、布袋收尘器等。

（4）烘烤

电炉对炉料的水分要求比较严格，一般情况下，在生产、运输、存储过程中各种原料和辅助材料带入水分是必然的，因此需要干燥。焦炭是人造的固体燃料，其空隙率在45%左右，含水量5%～10%，有时高达20%。使用前必须经过烘烤处理，使混合物料水分含量为0.5%～1%。

目前国内外炼锌电炉多采用热态炉料入炉，即将配制好的炉料在回转窑内加热到200～300℃，然后以热态装入电炉。这样可以把混合、干燥的工序结合起来，同时避免了含锌炉气与冷炉料接触。如入炉料为冷态，则对焦炭需另行干燥，其干燥设备因厂而异。

主要设备包括：圆盘给料机、回转式烘干窑、埋刮板输送机、电动平板车、沉降收尘器、布袋收尘器、引风机等。

4.2.3 矿热电炉熔炼及锌粉冷凝

本工序的基本任务就是完成含锌物料中锌的还原、挥发、冷凝成锌粉并安全排粉。

4.2.3.1 工艺过程

准备好的炉料存贮在矿热电炉上部的锥形料仓内，由螺旋给料机将炉料送入炉内。电能由电炉变压器经短网和石墨电极输入炉内熔渣中，通过渣电阻和微电弧作用，电能转化为热能，熔池温度升至1200～1350℃或更高温度。炉料中 ZnO 和其他部分有色金属氧化物被还原，还原锌以蒸气状态随炉气由矿热电炉上部的炉气出口排出，并经过炉喉进入冷凝器进行冷凝，大部分锌蒸气在冷凝器内冷凝成锌粉并沉降下来，含有少部分细锌粉的低温炉气通过管道进入惯性收尘器，炉气中所含细锌粉大部分沉降下来，最后含有极少量超细锌粉的炉气进入布袋收尘器，把余下锌粉收集下来，余下尾气送入煤气站处理或直接排空。随着熔炼过程连续进行，熔融炉渣不断增多，达到一定深度后由放渣口放出，再经水淬后堆放。下面介绍国内电炉锌粉主流生产工艺。

4.2.3.2 加料系统

传统工艺都是采用在电极中心圆外围多点加料，这是因为：以前电炉容量较小，电极中心圆较小，不便于在中心设置加料点，只能把加料点设置于电极中心圆外围；另外传统工艺没有制粒工序，粉料容易卷入渣中，导致还原反应不易进行、渣含锌高或者沉铁，因而把下料点尽量设置于电极中心圆外围熔渣流动较弱处。因物料加入区温度不高，还原反应速度慢，它导致大部分ZnO没有被还原就被卷入渣中，而且断续加料导致炉压大幅波动，不利于稳定生产。

由于矿热电炉的大型化，以及入炉物料制粒工艺的采用，使电炉顶部中心单点连续加料成为可能。近年来新建项目均为炉顶中心单点加料，物料直接加入电炉熔池中心高温区，有利于物料中ZnO的还原反应均衡快速进行，同时连续加料可避免间断加料引起的炉压波动，提高安全操作性。

炉顶料仓应充满炉料，保证电炉的正常用料并增加了系统的密封。操作人员可以根据生产任务及炉况向炉内自动或手动加料，而加料速度的改变可以采取调节螺旋给料机转速的办法来实现。

该系统设备主要包括：料仓、给料阀、电动螺旋给料机、下料包。

4.2.3.3 矿热电炉熔炼系统

矿热电炉为密闭式电炉，炉型有圆形和矩型两种。圆形炉的电极呈等边三角形分布在以电炉中心为圆心的圆周上；矩形炉的电极呈直线等距离排列于电炉长度方向的中心线上。电极升降大部分采用机械式升降机构，亦有部分大容量矿热炉采用液压式升降机构。炉体下部设有上渣口和底渣口，上渣口用于定期排出熔渣，底渣口根据炉况情况不定期排出底渣；炉体上部设有工作门和炉气出口，工作门用于检修和故障处理。炉气出口与活动炉喉连接并排出含锌炉气；炉顶设有电极孔、加料孔、测温孔、测压孔以及探渣孔等。炉膛下部为熔池，所有化学反应在此进行、炉渣在此形成，此处温度高、熔渣侵蚀强，所以对熔池内衬耐火材料的要求比较高。

颗粒物料加入熔池后，由于熔渣的高温及炉膛的强还原性气氛，部分ZnO很快还原并挥发为锌蒸气，部分ZnO被卷入熔渣中，在渣中以较慢的速度被还原挥发出来。

不同的渣型熔点不同，一般选择含25%～32%SiO_2、20%～28%FeO、15%～22%CaO的渣型，其熔点在1100～1300℃，酸碱度、黏度及导电性适中。使用该种渣型，一般熔池温度保持在1200～1350℃、炉顶温度保持在1050～1150℃，有利于ZnO还原挥发反应的顺利进行，为冷凝工序提供温度合理的炉气，而且该型熔渣对炉衬的侵蚀破坏相对较小。在生产过程中，需定期探渣，及时了解渣型的变化情况和炉底的沉铁情况。

电极插入熔池的深度要根据渣的导电性来确定。在确定渣型的情况下，插入越深输入炉内电能越多。插入深度采用人工手动来调节。

矿热电炉熔炼系统包括：电极夹持及升降机构、密闭式矿热电炉本体两个部分，见图4-6。

（1）电极夹持及升降机构

该机构是电炉的重要组成部分，是连接电炉与外部电源的桥梁，从电炉变压器经短网输送来的电能通过该机构的导电夹板、导电铜管、夹持器而输入石墨电极，再输送到电炉内。

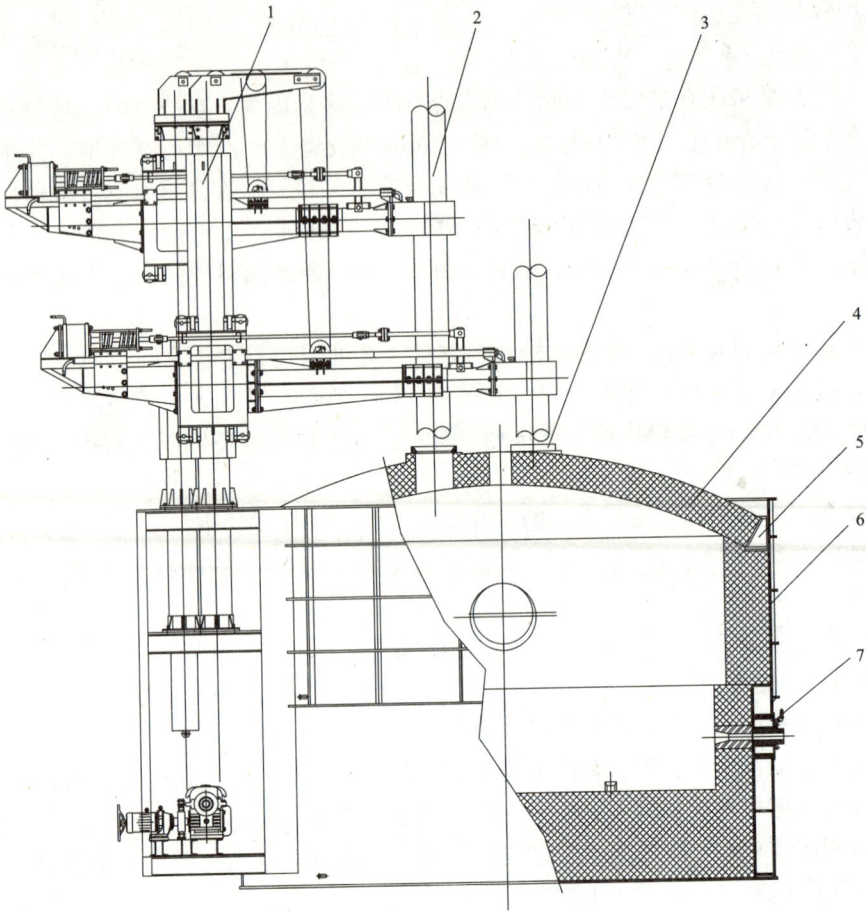

图 4-6　密闭式炼锌矿热电炉结构图

1—电极夹持及升降机构；2—石墨电极；3—电极密封圈；
4—砌体；5—圈梁；6—金属炉壳；7—渣口水套

在升降传动机构作用下电机升降臂可以沿着立柱上的轨道上下滑动、调节电极插入熔池深度，以调节输入功率的大小。电极系统担负着如下工作任务：控制电极在熔渣中的插入深度来实现温度的调节，是操作和控制的重要手段；具有接长、压放电极的专门机构；具备调节电极中心的功能，以便在安装和检修过程中，将电极中心对准电极孔中心，如有偏离应能进行调节。

该机构主要由立柱平台、立柱、滑轮托架、电极升降臂、夹持器、电极夹紧装置、升降传动机构、电极等构成。

①立柱平台。放置立柱的平台，是供电极升降机构安装用的。一般圆形炼锌电炉为三个电极。平台紧靠炉子，由钢板和槽钢焊接而成。立柱在平台上可以任意旋转后再固定，可以调节立柱的方向使电极与电极孔中心对正。

②立柱。由立柱、滑轨、紧固装置及上端的连接架构成。

立柱由无缝钢管制作。立柱下端与立柱平台的上台板和下台板的孔为过渡配合或动配合。立柱下端长度 220～250 mm。

　　两条滑轨沿钢管外壳轴向对称焊接在立柱上,作为滑车上下滑动的轨道。长度根据电炉的容量和行程确定,一般长度为 2500～3000 mm。

　　紧固装置包括下端紧固装置与上端紧固装置,均由垂直法兰和水平法兰组成。垂直法兰可将立柱夹紧;水平法兰下部可与立柱平台的上台板紧固,立柱的角度可自由调整。当立柱方向调整好后,再将上部法兰的垂直部分和水平部分紧固。在紧固上端法兰时,需将立柱连接架、滑轮托架底部钢板同时紧固。

　　连接架是将立柱和滑轮托架连接起来的装置,安装于三根立柱的顶端,由钢板和型钢焊接而成。连接架除了连接立柱和滑轮托架的左右之外,还起到加固和稳定的作用,也就是把三根立柱和三个滑轮托架通过连接架而连接成一个整体,加强了整体构件的强度和稳定性。

　　③滑轮托架。滑轮托架是用来安装滑轮的支架,由托架臂和底部法兰组成。托架臂由两块钢板和加强筋焊接而成,在托架臂顶部设有安装滑轮用的加强板等。托架上安装两个滑轮和钢丝绳固定端的轴等。滑轮托架承担着电极臂与电极的质量,并且承担着电极及电极臂的升降等动载荷,因此滑轮托架必须设计有足够的强度,否则,将可能发生重大恶性事故。

　　④电极升降臂。电极升降臂夹持着电极并可沿着立柱滑轨作上下运动。电极臂的上下运动(即升降)是由安装于立柱平台底部的卷扬机牵引来实现的。电极臂由滑车、横臂组成。电极升降臂应保证有良好的绝缘。

　　滑车由滑轮和滑车架组成。滑轮位置可以调节,确保电极升降臂保持在水平位置并能够上下沿着立柱轨道自由运动。滑车架由钢板、槽钢和角钢焊接后加工而成。六对滑车轮装配在滑车的左右、前后两边。

　　横臂又称电极臂,是连接滑车与夹持器之用。由横臂和横管组成。横臂和横管均由无缝钢管制成。横臂的一端为法兰,与滑车架另一端为开口管,开口长度为 400～500 mm。开口宽度为 10 mm。焊上法兰及加强筋,供夹紧用。考虑到其强度,横臂一般选用厚壁管;横管的一端为法兰,与夹持器相连接,另一端与横臂相套连接,横管也要选用厚壁管。

　　横臂的法兰端与滑车连接时,必须采用较好的绝缘措施,防止横管导电,一般采用云母板和 3640 玻璃布管等材料绝缘。为了确保电极升降臂绝缘的可靠性,在实际操作中在横臂和横管的连接处也加上 2 层云母套管。

　　为了保证电极臂在规定行程范围内运行,防止越位事故发生,一般在立柱上、下安装 1～2 个限位器。在滑车上装有限位杆,到规定位置时,限位杆正好将限位器的触点顶开,使卷扬机自动停车,这是保证安全运行的必要措施。

　　在横臂和横管的连接上,除了必须采用绝缘措施之外,还应可以伸缩,以调整电极的中心位置。在滑车架上的滑车轮由一个偏心轴调整它与导轨之间的间隙。

　　⑤夹持器。夹持器又称把持器,主要用来将电极夹紧,以免电极下滑,保证电炉的正常操作。同时,夹持器又将电炉短网、导电铜管输送的电能传给石墨电极。

　　夹持器的结构型号有很多种:钳式夹持器;锥形环夹持器;弹簧闸块式抱闸夹持器;钢带式抱闸夹持器及颚式夹持器。下面介绍一种 2500 kV·A 炼锌电炉常用的颚式夹持器,也称压瓦夹持器,它主要是利用杠杆机构使颚板把电极夹住。夹持器由不锈钢水冷夹头、颚板、杠杆及杠杆支架组成。

　　不锈钢水冷夹头是夹持器的主体,电极将被它夹紧。为了使电极与夹头内圈接触良好,减少接触电阻,防止大面积接触不良的状况,在夹头的圆筒内壁焊有多块不锈钢条,夹紧后的电极接触面相当于多块夹板和一个颚板，受力比较均匀，接触面良好，夹持紧固牢靠。夹头组焊完毕后需整体精加工，表面粗糙度要求达到 6.3 μm，内壁的加工公差也要求达到 +0.200/ −0.000，见图 4 − 7。

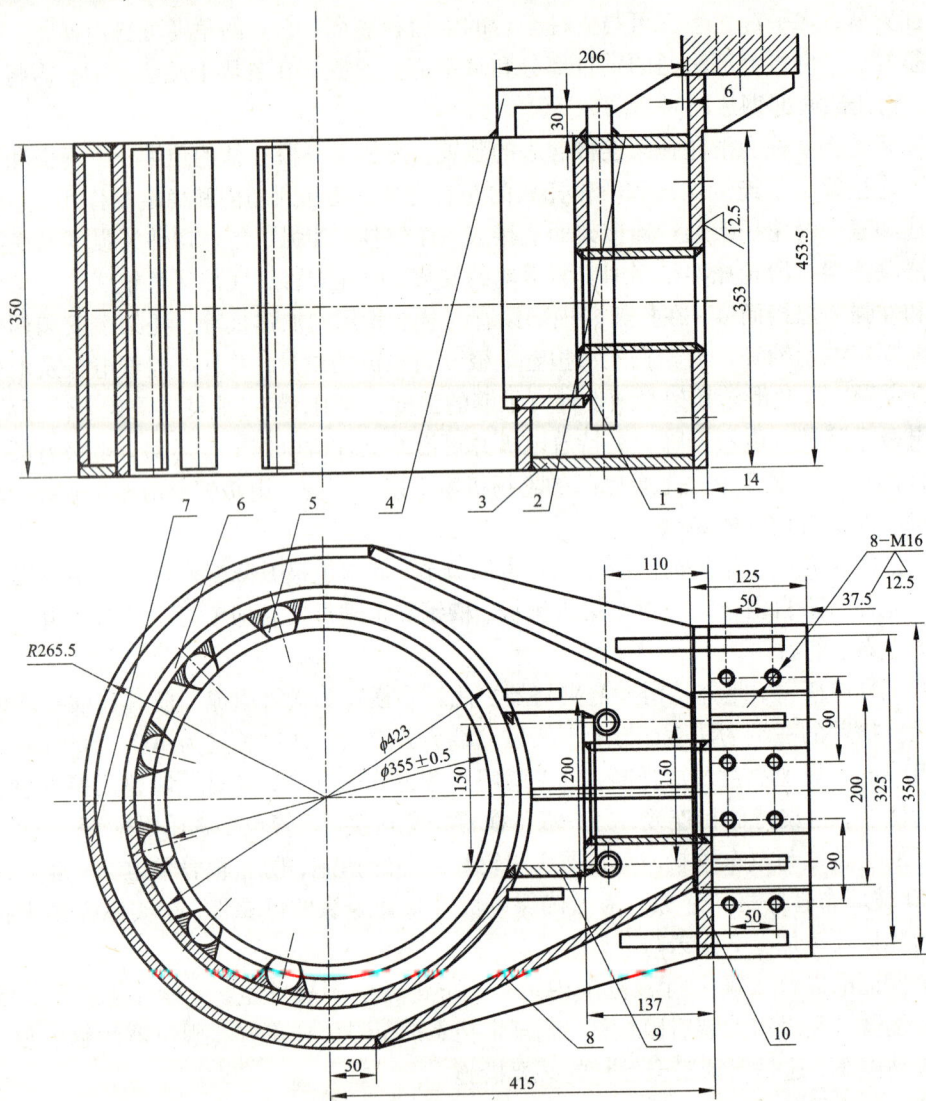

图 4 − 7 φ350 mm 电极水冷夹头

1—封板；2—上板；3—下板；4—支板；5—圆钢；
6—内弧板；7—外弧板；8—立板；9—挡板；10—底板

颚板又称压瓦，利用杠杆原理的作用力，使颚板将电极夹紧。颚板呈圆弧形，其圆弧半径与电极半径相等。颚板材质为铸钢，颚板面上设有横向沟槽若干条，目的是为了防滑，使得夹持器与电极夹得更紧，更加牢固，安全可靠。

杠杆是固定在夹头的支架上的，一端连接颚板，一端与拉紧装置的拉杆相连。杠杆材质为 45 钢，须经过调质热处理。

杠杆支架是用于支承并定位杠杆的,采用材质为 ZG35,并经调质热处理。

⑥电极夹紧装置。电极夹紧装置主要包括拉杆、汽缸和气动控制机构等(见图 4-7)。正常工作时,为无压缩空气状态,汽缸中的弹簧弹力将活塞杆推出,活塞杆带动拉杆向左运动拉动拉杆,装在杠杆另一端的颚板向右运动,从而将电极夹紧。反之,当向汽缸中通入压缩空气时,汽缸的活塞和活塞杆被压缩空气的压力向右推进并压缩弹簧,由活塞杆带动拉杆向右运动推动拉杆,而杠杆的另一端的颚板向左运动,从而将电极放松。

拉杆由双拉杆、长拉杆、短拉杆、汽缸拉板、拉板等组成。连接着汽缸活塞与夹持器中的颚板杠杆。长拉杆与拉板的连接采用螺栓螺母连接并可作长度调整,以使颚板夹紧电极的力量适宜。短拉杆与颚板杠杆采用铰链式连接。另一端与长拉杆以法兰形式连接。在连接处采用绝缘措施。长拉杆的另一端焊有长约 200 mm 的螺栓与拉板连接。在此可以调整拉杆的长度及夹持器的松紧程度。双拉杆布列在立柱滑车和汽缸的两边。一端与拉板的两端分别连接。双拉杆的另一端分别连接在汽缸拉板的两端。

汽缸由缸体、活塞、活塞杆、前后法兰、弹簧、轴套及密封圈等部分组成。在压缩空气的压力下弹簧被压缩,活塞及活塞杆向汽缸内部推进。关闭压缩空气时,由弹簧弹力将活塞推至另一端,从而可推动拉杆前后运动。汽缸要求压缩空气压力为 0.4~0.6 MPa。

气动控制装置主要由调压阀、分水滤油器、油雾器和二位三通电磁阀等组成。汽缸的工作压力为 0.5~0.6 MPa,而空压机的工作压力为 0.7~0.8 MPa,调节阀是根据汽缸工作压力的大小来自动进行调节的。二位三通电磁阀实际上是供给汽缸压缩空气的电磁开关,可以手动和自动控制,为了工作方便和安全起见,大多采用人工手动操作。操作时应听从电极更换操作人员的指挥,千万不得随意乱动。否则,石墨电极可能会掉入熔池造成重大事故。分水滤气器和油雾气是用于净化压缩空气,防止将水分和油雾等杂质随压缩空气带入汽缸,造成汽缸的缸体、活塞等损坏。

⑦电极升降机构。电极升降机构为电机升降臂的升降运动提供动力。目前有机械传动和液压传动两大类。液压传动是由两个电极升降油缸来实现电极升降的。根据电极升降油缸和电极护筒上部横梁连接形式不同,又可分为刚性连接和绞性连接;机械传动又有卷扬传动和链传动之分,而卷扬传动制造容易,维修方便,设备投资少。

卷扬传动升降机构由滑轮、卷扬机和平衡重锤等组成。卷扬机同时配有手动装置,当停电或电动机发生故障时,可应用手动装置来升降石墨电极。卷扬机见图 4-8。

图 4-8 是我国炼锌电炉卷扬机实例。卷扬机为二级减速机,一级为摆线针轮减速机,二级减速为圆弧齿圆柱蜗杆减速机,二级减速比为 440,卷筒的转速为 3.25 r/min,升降速度为 4.08 m/min。升降机构中还有钢丝绳、平衡锤等。

(2)密闭式矿热电炉本体

密闭式矿热电炉本体是电炉锌粉制造工艺中的主体设备,主要有三电极的圆形电炉和三电极的矩形炉,在全国各地两种炉型均有分布,但圆形电炉的优越性已越来越明显,并有逐步取代方形电炉的趋势。与方形电炉相比,圆形炉炉内温度场均匀,炉壁的边界效应不严重,炉体结构简单、受力合理因而使用寿命长,同样容量的电炉散热少因而产品电耗低。

电炉的本体由水冷金属炉壳、耐火炉衬、钢圈梁、放渣口、人孔门等部分组成。

1)水冷金属炉壳

水冷金属炉壳主要用于支撑炉衬及熔渣的质量,保持炉体的刚度。老式炼锌矿热电炉均

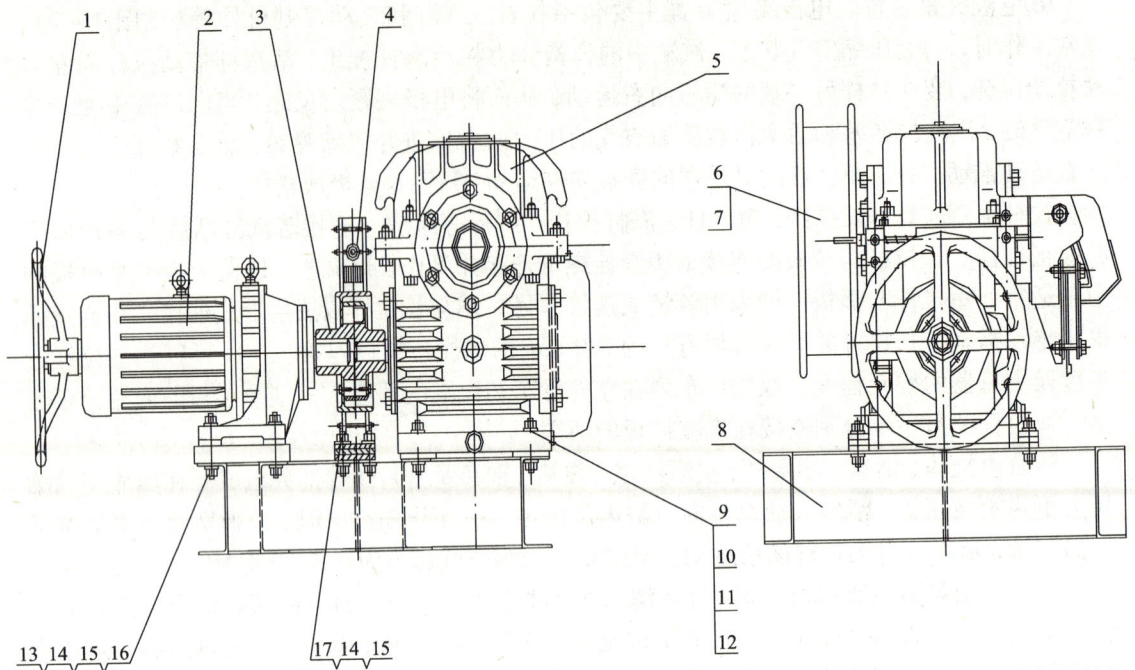

图4-8　电炉炼锌卷扬升降机

1—手轮；2—摆线针轮减速器；3—联轴器；4—制动器；5—涡轮蜗杆减速器；6—卷筒；
7—楔子；8—底座；9—螺栓；10—螺母；11—弹簧垫圈；12—方斜垫圈；
13—螺栓；14—螺母；15—弹簧垫圈；16—方斜垫圈；17—螺栓

采用单层钢板并在外侧加筋板焊接而成，随着炉膛耐火材料被侵蚀，外壳温度越来越高，最后发红甚至被渣蚀穿，导致跑渣事故的发生。后来部分厂家采用在炉壳外表喷淋冷却水的办法保护炉衬和壳体钢板，有一定的效果，但要在炉膛形成稳定的挂渣层依然有困难。随着电炉锌粉生产线的大型化，冶炼强度越来越高，渣的流动越来越强，炉膛中已没有传统意义上的四周低温区来保护炉墙，因而适合于强化冶金工艺的水冷金属炉壳（即水冷套）得以在电炉锌粉制造的密闭式矿热炉中应用，并已显示出其优越性。

2）耐火炉衬

耐火炉衬主要包括：炉底、炉墙和炉顶三个部分，它是电炉的耐火保温体的总称。

炉底。电炉炉底有两种形式，一种是反拱，也称倒拱；另一种是平底。反拱型炉底由以下部分组成：最下面紧贴钢板的一层为石棉板或硅酸铝纤维毡，往上依次为黏土砖、捣打料、高铝砖反拱层、铝铬质砖反拱层。反拱型炉底受力合理，不会因底部捣打料或砖的膨胀而使炉底向上拱起，也不会造成炉底的多层反拱层相互分离而使熔渣渗漏的严重事故。但反拱型炉底结构复杂、砖型复杂、施工要求高。平型炉底的结构比较简单，各耐火层组成与反拱底相同，其结构简单、施工方便、砖型简单，但是在高温熔渣的作用下，捣打料和炉底砖发生膨胀，容易发生裂缝或使炉底拱起。鉴于平型炉底的缺点，在设计时，采用较厚厚度，有的达1200 mm，使用效果很好，已被普遍推广。

炉墙。炼锌电炉的炉墙由上下两段组成，一是渣线以下的炉墙，实际上是熔池的侧墙；

二是渣线以上的炉墙，亦叫上炉墙。

渣线以下的炉墙称为渣线墙，该处所用砖又称渣线砖。渣线以下的炉膛称熔池，冶炼所产生的熔渣即储存在熔池内。由于熔池的熔渣温度很高，再加上熔渣的流动以及化学作用，熔渣对炉墙的侵蚀和冲刷严重，所以电炉炼锌对渣线砖的性能提出了较高要求：即能够耐高温、适应熔渣的酸碱度、具有高温下的耐磨性和耐冲刷性以及高温体积稳定性好。电炉常用的渣线砖有石墨化炭砖，镁质耐火砖（如镁铝砖、镁铬砖等）、铝铬质耐火砖等，电炉炼锌适用得比较成功的，主要为铝铬质耐火砖。铝铬质耐火砖的理化指标如下：化学成分：Cr_2O_3 18% ~ 25%，$Fe_2O_3 \leqslant 0.2\%$，SiO_2 及 MgO 微量，其余成分为 Al_2O_3；密度：$\gamma = 3.3 \sim 3.5$ g/cm³；显气孔率：$\leqslant 13\%$；常温耐压强度：140 ~ 200 MPa；耐火度：$\geqslant 1880℃$；荷重 20 MPa 软化开始温度：$\geqslant 1700℃$；热稳定性：1100℃热震次数不低于 3 次；酸碱性：略偏酸性。

炼锌电炉的渣线砖的使用寿命直接影响着电炉炼锌的成本与效益，各电炉炼锌厂都对此非常关注。熔渣对炉墙渣线砖的侵蚀程度是影响渣线砖使用寿命的主要因素。

为了延长渣线砖的使用寿命，过去的办法是增加渣线以下的炉墙厚度，炼锌电炉开始采用厚度为 460 mm，后来改为 760 mm。然而，随着近年水冷炉壳的普遍应用，炉墙厚度又开始变薄，现在 2000 kV·A 及以上容量的密闭式炼锌矿热电炉熔池炉墙厚度均在 400 mm 左右。

渣线墙上还设置有底渣口和上渣口。底渣口设置在熔池底部，停炉或事故时，从底渣口将熔渣全部放出。底渣口的尺寸为 65 mm×65 mm，上渣口距熔池底部的高度即是熔渣深度，其高度应根据电炉的生产能力和处理能力计算出日产渣量和熔池的贮渣时间而确定。熔池内渣贮量应为 6 ~ 8 天的产渣量。上渣口距熔池底部的高度一般在 600 ~ 650 mm，方可保持熔池内的渣容量。如果上渣口距底部过低，则渣容量少，熔渣的热容量就少。由于加料量的变化、二次电压及二次电流的变化，则很容易引起渣温的剧烈波动，从而导致电炉炼锌的各项技术条件的波动，炉况不正常，甚至发生事故。上渣口的尺寸为 $\phi80$ mm。放渣频率以每日一次为宜。因为放渣时，前 12 ~ 20 min 停止加料，放渣时间为 30 ~ 40 min，这必然影响炉子生产率而且还无效率地消耗了电能，故放渣频率不宜太密。否则将严重影响电炉的主要技术经济指标。但也不宜太稀，否则将要增大渣层高度，还易产生冒渣现象，另外将无法准确控制电极插入熔池深度及压放、接长电极。生产实践表明，每日放渣一次为宜，并安排在放渣时间内接长或下放电极。

渣线以上炉墙简称上炉墙，其结构与渣线墙结构基本相同。惟有其材质和墙体厚度有所不同。炼锌电炉的渣线以上的炉膛空间温度较低，一般在 1050 ~ 1150℃ 之间，再加上炉气对墙体没有侵蚀作用，故炉墙内衬大多采用高铝砖或一级黏土砖。其厚度为 460 mm 左右。

炉墙上部设有炉气出口，与炉喉连接。炉气出口的大小由烟气量和烟气流速确定。在渣线上部的炉墙上还设有人孔门，便于维修人员和材料进出以及开炉时铺底渣、观察开炉起弧等。

炉顶均设计为拱形，圆形炉的炉顶采用球形拱，矩形炉的炉顶采用弧形拱。拱顶中心角一般采用 60°，受力状况良好。国内某厂曾将电炉球形拱顶中心角设计为 90°，但因受力不合理，炉顶升高并产生严重裂纹，使用不到一年就被更换为中心角为 60° 的拱顶。

炼锌电炉的上部炉膛空间烟气温度一般较低（1050 ~ 1150℃），但比熔炼铜锍炉的上部炉膛空间烟气温度要高得多（熔炼锍时为 400 ~ 600℃），因而炉顶多采用高铝质耐火砖，其厚度为 300 ~ 350 mm。国外试验用耐热钢筋混凝土的矿热电炉炉顶，其强度与密封性都得到提高。近年国内亦有采用低水泥浇注料整体浇注的炉顶。电炉的拱顶上有电极孔、加料孔、测温测压孔、探渣孔等。

电极孔的大小、方位是根据电炉功率、电极直径及电极系统立柱，电极臂等因素而确定的。电极孔的密封一直是炼锌生产甚难解决的问题。由于电炉内呈正压，含锌烟气在电极孔处很容易产生冷凝锌和氧化锌黏贴在孔壁处，甚至结瘤，使电极无法升降。因此必须进行很好的密封，否则锌蒸气外逸，造成锌的损失并使劳动条件恶化，同时又加剧了锌在电极孔处的黏结，使操作更加困难。对电极孔处密封问题不少厂家都做了大量研究工作。现在多数电炉的电极孔做成漏斗形或喇叭口型，当电极安装好后，再用硅酸铝纤维毡将缝隙塞住。这种方法方便实用，但密封效果不太好，特别是炉内正压稍大或升降电极时，常常出现冒火现象。也有厂家采用水冷电极孔，其内圈装有石棉盘根或高铝纤维盘根，密封性能提高但也存在漏水及结瘤等问题。

加料孔。对于 2000 kV·A 及以上圆形电炉，一般选择炉顶中心开单孔加料。而对于方形电炉或小容量电炉，一般采用在极心圆外侧处多孔多点加料。

测温测压孔应设置于方便检修处。另外，测温孔应靠近极心圆处，而测压孔则应在炉顶边缘处。

探渣孔一般应设置两个，位置在极心圆与炉顶外沿中间处。

3) 钢圈梁

圈梁是由钢板焊制成的圆形钢构件，既起拱脚的作用，又起拱脚梁的作用。国内大多数冶炼炉座(圆形)的炉顶拱脚，常采用耐火材料烧制的特殊形状拱脚砖砌筑，外部采用钢炉壳及拱脚梁箍紧。

钢制圈梁有突出的优点，即整体性能好，可以抵抗炉顶的热应力。炉顶受热后会逐步向上抬起，有时会上涨 200~300 mm。由于受热不均匀，炉顶经常出现裂缝。由于操作过程中的炉内压力会发生巨大变化，有时会把炉顶冲抬起，钢结构圈梁可承受上述的冲击。钢制圈梁在维修时可整体将炉顶抬起，清理完后再放至原处。

生产实践表明，钢圈梁亦有如下缺点：第一，钢制圈梁易受热变形，因为钢制圈梁与炉膛之间仅隔着一层耐热混凝土，炉膛烟气的热量会迅速传递给钢制圈梁。钢制圈梁受热后，温度上升，达到一定程度时就会发生变形，甚至局部被烧损；第二，钢制圈梁在生产过程中不断被抬高；由于钢制圈梁和高铝质耐火砖受热时膨胀系数不同，圈梁与炉墙之间必然会产生缝隙，而含锌烟气就会透过一层耐热混凝土的缝隙进入圈梁与炉墙之间，锌蒸气被冷凝。这样长时间积累，就会逐渐把圈梁抬高。由于炉顶的温度分布也不均匀，靠炉气出口处温度最高，此处钢制圈梁也被抬起最高。

4) 放渣口

放渣口为一个采用锅炉钢板焊接而成的方形水套，内衬石墨或耐火材料制成的圆管。水套安装于水冷金属炉壳的开孔内。放渣时把石墨或耐火材料制成的圆管内的耐火泥清干净后，用钢钎或吹氧管把凝渣打开，放出熔渣。

4.2.3.4 锌粉冷凝及收集系统

冷凝系统是电炉锌粉制造的关键部分，该系统实现含锌炉气的冷却、锌蒸气的冷凝、锌粉沉降和捕集、定期出粉。电炉产生的高温含锌炉气经喉口流入冷凝器，在冷凝器内快速冷凝成锌粉，大部分锌粉沉降下来，少部分锌粉随炉气进入第一惯性分离器，部分较大颗粒锌粉得以和炉气分离并沉降下来，炉气随后进入第二惯性分离器进一步分离锌粉，含少量锌微粉的炉气最后经布袋收尘后排入大气或进入煤气回收系统。该系统包括：炉喉及清理装置、锌粉冷凝器、惯性分离器、布袋收尘器和螺旋出粉机。

（1）炉喉及清理装置

高温炉气从矿热电炉出来后，通过炉喉再进入冷凝器。由于炉气中夹带有部分炉料粉尘，同时随着温度的降低少量锌蒸气被再氧化，这些物质会在炉喉内壁黏接，逐步把炉喉通道堵塞，应及时进行清理。

小容量电炉冷凝器体积小，一般采用冷凝器与矿热电炉上部炉气出口直连的安装方式，冷凝器上装有炉喉清理杆，炉喉清理由人工进行；2000 kV·A 及以上的大容量电炉所配备的冷凝器体积大，在炉体与冷凝器之间设有独立的炉喉，有的厂采用人工清理炉喉，但新建项目大多采用机械式自动清理装置。

（2）锌粉冷凝器

从电炉过来的高温锌蒸气快速冷凝成锌粉并沉积于收集斗内，由螺旋出粉机定期排出。冷凝器的组成包括（见图4-9）：下部的夹套式水冷收集斗、侧部及顶部的多块夹套式水冷壁、多组蛇形冷却管，冷却管振打器、螺旋出粉机等几部分，振打器定时振打冷却排管，清除管壁结壳，提高冷凝效率。

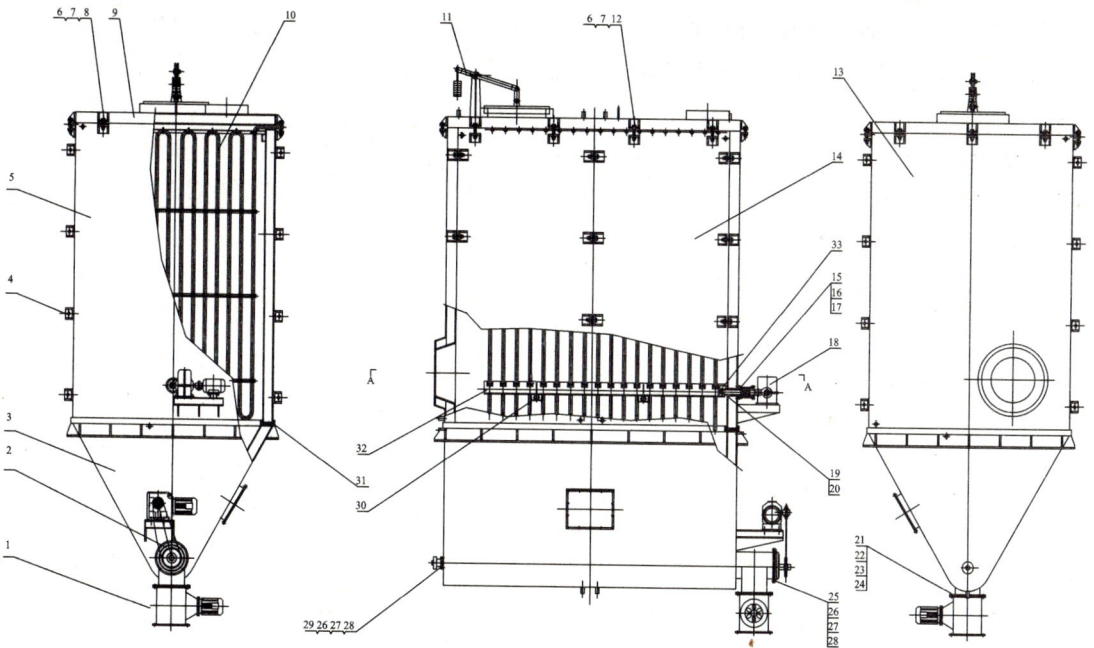

图4-9　180 m² 锌粉冷凝器

1—电动星型阀；2—螺旋出粉机；3—锌粉斗；4—连接座；5—后端水套；6—高强六角螺母；7—高强平垫片；8—高强六角螺母；9—顶部水套；10—冷却排管；11—防爆孔机构；12—高强六角螺母；13—前端水套；14—侧部水套；15—弹簧垫片；16—六角头螺栓；17—平垫片；18—振打机构；19—销轴；20—开口销；21—六角螺母；22—六角头螺栓；23—平垫片；24—弹簧垫片；25—六角头螺栓；26—六角螺母；27—平垫片；28—弹簧垫片；29—六角头螺栓；30—无缝钢管；31—硅酸铝针织毡；32—振打传动杆

随着冶炼技术的进步，用于锌冶炼的密闭式矿热电炉正朝大型化发展，现有最大容量已达 5000 kV·A，锌金属还原蒸发能力达 1500 kg/h，而目前单个锌粉冷凝器最大锌粉冷凝能力为 600 kg/h。为解决两主体设备产能不匹配矛盾，现有方法是一台密闭式矿热电炉配置两套或多套炉喉及冷凝器，虽然解决了两个主体设备产能匹配问题，但同时又产生了密闭式矿热电炉所生产的炉气在各冷凝器上分配不均匀等诸多问题，导致冷凝器产能不能充分发挥和生产过程不稳定，因此开发高效冷凝器是当务之急。

现有冷凝器的锌粉冷凝能力受制于冷凝器的前段的冷却强度，当炉气量加大时，炉气在前段无法有效冷却，导致冷凝器有效冷凝能力不能进一步加大。而且冷凝器各段冷却能力基本相同，不能根据炉气冷却工艺的需要实现冷却能力分区可调，锌粉粒度无法控制。

2009 年，株洲某企业在国内已率先开发喷流换热冷凝器，其关键技术在于采用金属喷流换热冷却管和分区控温技术，较一般冷凝器的综合传热系数可提高 1~2 倍，并可实现锌粉粒度的可控。

（3）惯性分离器

包括一惯性分离器（简称一惯）和二惯性分离器（简称二惯），利用气固两相惯性大小差别的原理来对尾气中的锌粉进行分离，使尾气中的较大颗粒锌粉沉降下来。下部安装有星形排灰阀，定时排出锌粉并防止炉气外泄。

（4）布袋收尘器

布袋收尘器安装于惯性分离器之后，利用布袋把尾气中的较细锌粉颗粒收集起来，下部安装有星形排灰阀，定时排出锌粉并防止炉气外泄，顶部装有电动调节阀，用于控制及调节系统压力。

（5）螺旋出粉机

螺旋出粉机通过控制电机运转时间来控制每次出粉量。每班根据生产情况定时开启，在保证密封的情况下，排出冷凝器、惯性分离器及布袋收尘器内的锌粉。

4.2.3.5 短网系统

（1）短网特点

从电炉变压器到石墨电极之间的电流导体及其附属绝缘、支撑构件统称为短网系统，具有以下特点：

1）电流大

在短网导体中流过数以千计甚至万计的强大电流，这样大的电流必将在短网导体四周建立起强大的电磁场。在短网导体及周围的钢铁件中将产生非常大的功率损耗，引起发热。如不采取有效措施（如尽量减少短网阻抗、并避免在短网导体附近有铁磁性金属闭合回路），则势必降低电炉工作效率，破坏电炉的正常运行。由于运行中的短路电流产生，它使短网导体之间存在着与电流平方成正比的极大电动力，所以短网结构一定要牢固可靠，导体材料只能选用铜，而不允许选用机械强度和电器性能都较差的铝。

2）长度较短

整个短网的长度，大型炉也不超过 20 m、小型炉仅为 10 m 之内。虽然短网长度较短，但是流经其中的电流却非常大，因而短网的电损耗也非常大。在设计短网时，必须尽量缩短长度，特别是挠性电缆长度，以便大幅度地降低短网损耗。

3）结构复杂

短网各段导体的结构，形状不同、并联导体根数不同、排列方式也不相同，因此在进行短网设计时，既要考虑到集肤效应和邻近效应的影响，按规定电流密度选择导体截面，又要注意导体的合理配置，使有效电感尽量减少并使相同互感尽量接近。

4）工作环境恶劣

短网是在温度特别高、导电尘埃非常多的恶劣环境下工作，为此必须注意短网母线的冷却问题，重视短网导体及其绝缘体的清洁工作。

实践证明，短网的电参数对炉子正常运行起着决定性的作用。炉子的生产率、炉衬寿命、电效率及功率因素等在很大程度上取决于短网电参数的选择。如果短网阻抗值过大，则相应的功率损耗势必增大、有效功率降低、冶炼时间拖长、电耗增加。若三相阻抗设计得不平衡，必将导致三相电流不平衡和三相电功率不平衡，严重时会造成某相电极不能插入熔体，冶炼难以进行。一个先进的短网设计必须保证炉子具有最小电损耗、三相电功率平衡、短网结构使用的材料要省、短网维修降低、运行可靠。

（2）短网结构

短网的结构形式和布置有多种，常为封闭式和裸露式。

封闭式短网主要由进线箱和出线箱、软绞线、封闭式母排组成。封闭式短网曾用在1250 kV·A 电炉上。由于母排安装距离近，壳体是钢板，连接螺栓不是选用磁阻大的材质，产生涡流温度高，有时把螺栓烧溶，并且震动大、响声大而无法进行，后改为裸露式。

裸露式短网结构简单、制作容易、安装方便、且投资省、投资仅为封闭式短网投资的1/2。裸露式短网主要由铜母排、挠性电缆、导电铜管、端接头及夹持器组成。

1）铜母排

硬铜母排是短网的组成部分。它是由扁铜制成。其一端与电炉变压器的低压出端桩子相连，另一端与软绞线相连。在短网系统中，硬铜母排的长度要尽量缩短，电炉变压器与电炉尽量靠近，以减少电能损耗。

硬铜母排选用扁铜或称矩形铜排，一般采用宽厚比10～20的矩形截面或采用管状、槽型截面的铜导体，而很少采用圆形、方形截面的导体。这是因为当交流电流通过时，导体截面上的电流分布很不均匀。在导体截面上距离中心越远的地方或者某一外侧的电流密度就大些，这就是集肤效应和邻近效应。因而实际上，对于流过大电流的大截面导体均采用上述截面形状的导体材料。

硬铜母排的电流密度规定在 $1.2～1.6$ A/mm^2，炼锌电炉常采用低者，其铜排截面形状：宽×厚为（150～200）mm×（15～20）mm。国内某厂 2000 kV·A 炼锌电炉的短网母排采用180 mm×16 mm 的铜排。

硬铜母排在安装时，应尽量减少接头，以降低接触电阻，减少电的损耗。硬铜母排呈直角时，多采用弯板机或加热由人工弯制而成，采用螺栓及绝缘子固定。

硬铜母排之间的间隔应设置合理，减少相同的互感产生，还要适当考虑膨胀因素，设置软连接。铜母线排之间的相互间距不小于 200 mm。为避免母排的震动，应采用厚度为 12～20 mm 的绝缘玻璃布板锯成槽形将硬铜母排卡住、卡紧。

2）挠性电缆

挠性电缆通常又称为铜软绞线，在短网中必须设置可挠性铜缆区段。对于炼锌电炉来说，其长度应能满足电极行程的需要。对于要求旋转的电炉来说，其长度还应考虑倾炉和炉盖旋转的需要。挠性电缆系由许多根裸铜线组成，每根电缆的截面积有不同的标准，根据电炉的容量来选用，其电流密度为 1.4 ~ 1.7 A/mm^2，一台炉往往需要许多根电缆并联工作，电缆截面积最大为 500 mm^2，最近已试制截面积为 800 mm^2 的挠性裸铜电缆。

国内某厂 2000 kV·A 电炉每相配12根软绞线，即一根铜母线排与导电铜管间由6根软绞线组成，每相构成双回路，由12根组成软母导线。则每相软绞线截面积为 3000 mm^2，电流密度为 1.5 A/mm^2，如果要降低电流密度，可将软母导线增至 16(8×2) 根。

3）软绞线接头 I

端接头是软绞线与硬铜母排或导电铜管末端连接的接头。端接头为直角形，一面开有四个锥形孔（ϕ46 mm/ϕ40 mm），将软绞线头从下部锥孔的小孔插入，上部用楔子将软绞线头在锥形孔楔紧，再用铜焊焊牢封口。每个孔安装一根软绞线，一个接头装3根或4根，另一直角面开有 4×ϕ22 mm 的钻孔，两个接头分别在铜母排的两边，用 M20 mm 不锈钢双头螺钉紧固，紧紧夹住铜母排，见图 4 – 10。

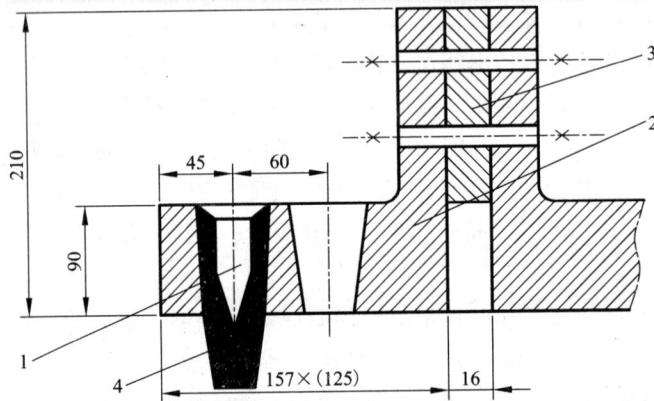

图 4 – 10　软绞线与母排端接头

1—楔子；2—端接头；3—母排；4—软绞线

4）软绞线接头 II

软绞线接头 II 是软绞线和导电铜管相连接的端接头。与上述相同，只不过两个端接头夹紧在导电铜管的导电铜板，软绞线端头也采用楔紧焊接。

5）导电铜管

导电铜管是短网系统的重要组成部分。它连接着软绞线和夹持器，将电流经导电铜管输送夹持器的铜头再传送至电极上。

导电铜管一般采用挤制紫铜圆管，与夹持器连接的一端采用异径管接头，将铜管与埋入铜头的冷却水管连接起来，用压盖把铜管固定。另一端固定在滑车架上的左右支架上，用管夹紧固它，管夹应设有绝缘材料，防止铜管漏电至滑车上而短路。其端头制成弯头，与冷却水源管道用橡胶管相连接起来。考虑导电铜管随电极臂升降，橡胶管应有足够的长度。该端还连接铜接头以便与挠性电缆（软绞线）连接。

一般，1250 kV·A 电炉中选用的导电铜管规格为 ϕ50 mm × 10 mm，2000 kV·A 电炉为 ϕ60 mm × 10 mm ~ 70 mm × 10 mm，每相电极设有两根导电铜管，做成冷却管，主要是用

来冷却夹持器中的铜头。在选用导电铜管时，其电流密度值，当采用水冷却时，取 3 ~ 6 A/mm²；未采用水冷却时，取 1 ~ 3 A/mm²，铜管壁厚通常采用 10 mm 左右。太厚，则浪费材料，太薄，则降低铜管的力学性能。安装时，要注意导电铜管不要与其他金属构件接触，也不要太靠近，特别是电极臂上的固定支架，一定要用绝缘材料隔开，以防漏电。

6）夹持器

夹持器是短网的重要组成之一，是电流输送至电极的重要构件之一。关于夹持器的结构，前已作详细介绍，本节不再叙述。

通常电炉变压器的低压线圈在箱内没有封死，而是每组线圈的头和尾都接至出线端，设计者可根据具体炉子的需要来确定适当的短网连接方式，也就是变压器低压线圈在什么地方接成三角形，即确定变压器低压线圈的封口点放在短网的那一点上。

（3）短网连接线方式的选择

变压器低压线圈连接点越往后移，磁通补偿效果越好，可使每相的有效电感越小，有利于减少短网导体的电抗。三角形封口点越往后移，导体根数越多，铜消耗量越多。

短网导体的空间配置：短网电气参数不仅取决于连接线路方式的选择，而且还与短网导体的空间布置方式及其几何尺寸有很大关系。

为了减少短网长度，缩短电炉变压器与电炉距离，在条件允许的情况下，变压器与变压器室（电炉侧）内墙之间的净距离尽可能短，通常取该值为 0.6 m。电炉变压器安装高度尽量缩短出线母排的垂直长度，缩短短网长度。

短网导体空间配置形式大致有普通平面型、修正平面型、正三角形布置及修正三角形布置等。对于炼锌电炉，多采用双线制普通平面型配置。这种配置各相导体的惯量中心位于同一平面，结构简单、设计容易、但三相阻抗值不平衡，因而导致各相负荷分布不均匀，该种布置方式仅适合用于小型炉。

4.2.3.6　电炉变压器

电炉变压器是电炉的供电中枢设备。其性能直接关系到电炉的正常运行与技术经济指标，因此应正确选择电炉变压器。

电炉变压器低压线圈皆采用三角形接线。采用这种接线的原因是，当两相电极同炉料发生短路时，短线电流将分配在所有的三相线圈上，同星形接线相比，可以减少线圈所承受的机械力，可以降低它的发热程度。

（1）炼锌电炉变压器的特点

①该种变压器系微电弧矿热电炉变压器；

②应具有较大的过负载能力；

③应具有较好的力学性能；

④为限制短路电流，变压器应具有较大的短路阻抗值；

⑤要求连续工作制度，带滚轮支座，移动式安装。

（2）电炉变压器低压线圈在短网上的封口点一般有以下 4 种方案：

①在变压器低压出线端接成三角形；

②在铜排母线末端接成三角形；

③在可挠性电缆末端接成三角形；

④在电极上接成三角形。

除①之外，其余3种连接线路中，可使流过相反方向相电流的短网导体组成所谓"双线制"短网接线，实现磁通补偿，减少短网导体的感抗。

（3）常用电炉变压器主要技术参数

①变压器的额定容量；

②一次侧电压，10 kV、35 kV；

③二次侧电压，一般分为如下几个等级：130 V，150 V，170 V，190 V，200 V；

④调压方式：无负荷电动（手动）调压；

⑤冷却方式：户外（内）油冷式、户（内）外风冷式、户外（内）水冷式；

⑥阻抗值：10% ~15%。

常用的几种电炉变压器见表4-14。

表4-14　常用几种电炉变压器

序号	容量/kVA	型号规格	二次电压等级/V	冷却方式	阻抗值/%
1	600	HKS-600/10	80-150,5挡	油冷	14.5
2	800	HKS-800/10	90-150,5挡	油冷	14.5
3	1250	HKSF-1250/10	110-170,5挡	风冷	14.5
4	2000	HKSF/s-2000/10	110-180,5挡	风冷/水冷	11.5
5	2000	HKSF/s-2000/35	110-180,5挡	风冷/水冷	11.5
6	2500	HKSF/s-2500/10	110-200,5挡	风冷/水冷	11
7	2500	HKSF/s-2500/35	110-200,5挡	风冷/水冷	11
8	3150	HKSF/s-3100/10	130-240,6挡	风冷/水冷	10.5
8	3150	HKSF/s-3100/35	130-240,6挡	风冷/水冷	10.5

4.2.3.7　水系统

水系统包括循环水系统及冲渣水系统。

（1）循环水系统由冷却塔、水泵、管道、分水器、集水器、阀门等组成。水泵把经冷却塔冷却、达到合格水温后的软水由冷水池经管道输送到分水器及各用水点，实现炉壳的冷却、锌粉的冷凝等工艺过程；从各用水点出来的水顺着回流管道流回热水池，再由热水泵输送到冷却塔进行冷却。冷水池设有软水补充管道，热水池设有排污管及溢流管。

（2）冲渣水系统由陶瓷泵、管道、阀门、喷嘴及冲渣溜槽等组成。陶瓷泵把经过澄清池分离的水由管道输送到高速喷嘴，把溜槽内的熔渣快速冲散、冷却后流入渣池，渣池内的水经初步澄清后流入澄清池进一步进行液固分离，再由陶瓷泵输送到高速喷嘴。澄清池设有自来水补水管道。

（3）主要设备

1）水泵有两种，一种是冷却水循环泵，用于向冷却水套供水；另一种是热水泵，用于将从冷却水套出来的热水输送到冷却塔。

2）冷却塔。从冷却水套出来的热水必须要经过冷却方能重复循环使用，否则冷却水温度过高，达不到工艺的要求。冷却塔常选用玻璃钢冷却塔，型号为 GBNLs 型即可。

3）储水池又称循环水池。分为热水池、凉水池和冲渣池。热水池中的水由热水泵送至玻璃钢冷却塔，冷却后进入凉水池，再由凉水泵送至各冷却器；冲渣澄清池中的水用陶瓷泵打到冲渣系统的喷嘴，经冲渣池后再流到澄清池。

4.2.4　煤气回收

锌粉冷凝过程中，经高温布袋收尘后的尾气中含 CO >90％，热值在 7000 kJ/m³ 以上，是一种很好的干净能源。每生产 1 t 锌粉，产生约 260 m³ 这样的煤气。由于以前单个电炉锌粉项目的产能小，产生的煤气量少，而回收的投资较大，因此一般都采用自然排空的方式外排而没有加以利用。但随着国家环保越来越严格的要求，以及能源的价格上涨，回收价值很高，对这部分能源加以回收势在必行。

（1）回收流程

电炉煤气→仪表压力调节阀→水封→罗茨风机→水封→湿式煤气储罐储存→用户。

1）仪表调节阀控制电炉煤气出口压力大于 20 Pa，罗茨风机设有变频控制装置，根据煤气压力调节风机转速，保证电炉系统在大于 20 Pa 的状态下运行，确保安全生产。

2）电炉送出的煤气，根据煤气含氧量确定是否回收。电炉送出的煤气含氧量不得超过0.8％ ~1％，当煤气含氧量达到 1％时，煤气排放管路上的调节阀应立即打开，排放大气，否则易使回收系统产生爆炸。

3）煤气回收系统设有专职防护人员，负责煤气使用单位生产人员的煤气安全教育和安全防护工作，经常组织检查煤气设备及其使用情况，监督安全操作制度的贯彻执行。

（2）主要设备

主要设备包括煤气鼓风机、水封、低压湿式煤气储气罐、煤气加压风机及电控装置。

4.3　电炉锌粉生产实践

电炉锌粉的主要操作包括：开炉准备、烘炉、开炉、正常操作、供电制度、事故处理及停炉。

4.3.1　开炉准备

开炉前的检查和准备工作。

（1）电炉检查

①应确保炉内各部分包括各操作门、孔等的耐火砖应牢固无残缺；炉气出口内无积物，确保气流畅通。

②炉壳水套及放渣水套应做水压试验，在试验压力 0.4 MPa，保压 30 min。

③检查电极系统是否升降自如，夹持器的夹紧和放松装置是否可靠，气动系统的电磁阀是否灵活安全可靠。

④检测夹持器对地绝缘电阻值应大于 5 MΩ，否则需重新作绝缘处理。

（2）冷凝系统的检查

①冷凝器水套及冷却管、炉喉水套等应做水压试验，在试验压力 0.4 MPa，保压 30 min。

②检查炉喉清理装置及振打装置运转是否灵活可靠。

（3）检查冲渣水系统、冷却水循环系统的各设备及管路运行是否正常可靠。检查供电、供气（压缩空气）系统是否畅通可靠，能否满足工艺生产条件的要求。

（4）检查其他各台机械设备、运转设备是否灵活、正常。

（5）检查焙砂、焦炭、石灰石、石英砂及开炉用底渣、碎焦、石墨粉是否有足够的储备量，品质是否符合要求。

（6）开炉前，对电炉变压器提前进行空投试验 48 h，不得小于 24 h，特别是新建电炉，空投试验时要做好记录；其他电气设备进行空负荷试车，冲击负荷试车二次。

（7）检查各热工测量仪表（温度、压力），电炉操作台上的指示灯、仪表、按钮、转换开关是否正常、灵敏，各仪表的指针都应指在零上。

（8）检查操作工人的技术培训及考核是否合格，生产技术的记录表格是否准备好。

（9）检查开炉用具是否齐全、如换电极用的专用吊具、上电极的链钳、开渣口用的钢钎、大锤、堵口泥料、堵口枪、氧气瓶、$\phi 6$ mm 无缝钢管以及有关劳动保护用品等。

4.3.2 烘炉

电炉的炉底是由捣打料、铬铝质砖和其他耐火砖砌筑而成，渣线以下的炉墙砖由铬渣砖砌筑，上炉墙、炉顶由高铝砖砌筑。为了保证炉子的砌筑品质，延长炉衬的使用寿命，凡是新砌或大修后的炉体必须认真而严格地烘烤炉体。

（1）烘炉的目的

烘炉主要是为了除去砌炉过程中耐火炉衬带入的水分。在电炉的炉衬构造中，有捣打料或混凝土浇注料、铬铝质砖、高铝砖及黏土砖。这些耐火材料带入的水分有三种：一是物理水，也称游离水；二是结晶水；三是残余结合水。当烘炉温度达到 100℃，就有水排出来，这就是游离水或者说物理水、机械水。结晶水要在烘炉温度达到 350℃ 左右才能排出，而残余结合水要达到 600℃ 左右才能排出。所以根据这种分析结果来制定烘炉升温曲线，指导烘炉工作。假定炉体不经过这个烘烤程序，而很快在高温下运行，则由于水分突然大量蒸发，炉体、炉底和炉顶将会出线大量裂纹，造成松散或者倒塌甚至可能会发生爆炸事故。烘烤炉体可以使得炉体得到均匀的膨胀，使炉体耐火材料适应开炉生产的温度要求。

（2）烘炉曲线

烘炉是一项耐心而又细致的工作，温度的控制要根据燃料的种类特性加以调节。同时，还要根据炉子规格大小及使用耐火材料衬里材质的不同，制定相应的烘炉曲线（即升温曲线或升温速度）。一般烘炉分为如下三个阶段。

1）低温烘炉阶段

低温烘炉的作用主要是烘干电炉内衬砌体的物理水（也称吸附水），此阶段是确保烘炉品质的关键。低温烘炉温度 300℃ 以下，因为脱除物理水的温度不宜太高，升温速度也不宜过快，否则就会由于水分急剧蒸发而使灰缝产生龟裂或炸开。因此，升温速度要求缓慢，均匀，稳定，切忌忽高忽低。

此阶段的升温速度还要视筑炉后自然干燥的时间、空气的潮湿程度、灰缝厚度等条件进行调整，如果筑炉后自然干燥时间较短，再遇冬季或雨（雪）天气，此阶段烘炉时间则需 4～6

天。正常情况下，在该温度区间里烘烤时间不应少于3天。如果在夏季气温高空气干燥时可适当缩短时间。

2）中温烘炉阶段

此阶段主要是以烘干结晶水为目的。烘炉温度在300~600℃，中温烘炉时间一般控制在3~5天。

3）高温烘炉阶段

此阶段烘炉的目的主要是：第一是烘去残余结合水；第二是将砖缝的泥料烧结；第三是使砖缝隙充满高熔点熔渣。此阶段又由两个阶段组成，第一阶段是在中温烘炉的基础上继续提高温度至500~800℃；第二阶段采用电弧烘炉即化渣烘炉。

（3）烘炉方法

根据炉子的大小不同及当地气候条件的差异，电炉的烘炉方法也是不同的。图4-11为2000 kV·A锌粉电炉的正常烘炉温度曲线。

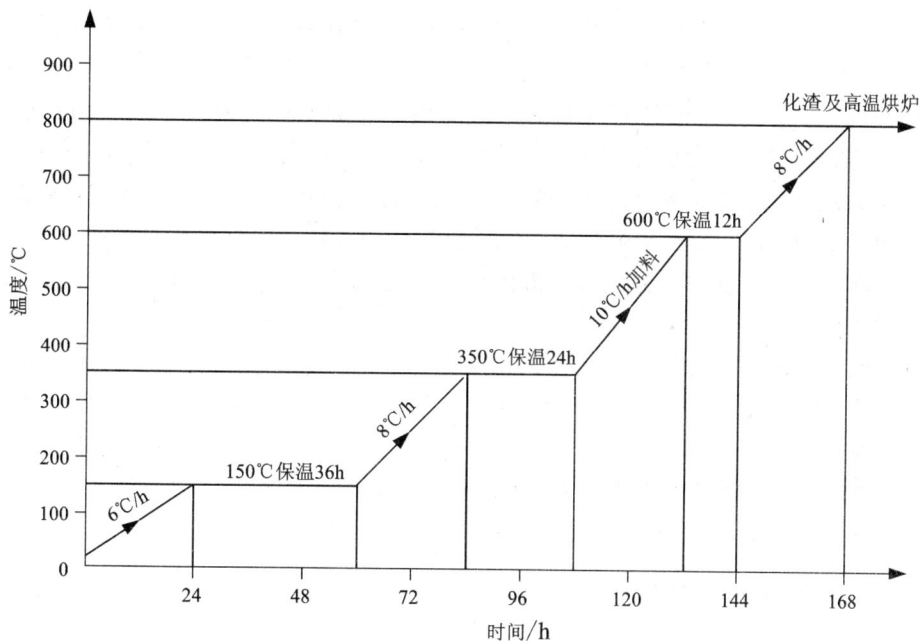

图4-11 锌粉电炉烘炉曲线

1）低温烘炉

对于新砌筑的炉子烘炉要分步进行。因为炉底的厚度较厚，而且由多层构成，下部有捣打层，含水分过高，一次筑成后底部捣打层很难烘干，所以在实践中一般是在炉底捣打层完成后，即对该部分进行烘烤。温度可由常温至300℃左右，时间控制在1~2天。待炉底捣打层烘烤完毕后，将灰屑打扫干净温度降至常温后再依次砌筑炉底砖、渣线砖、炉墙上部砖和炉顶拱砖等。

低温烘炉所用的燃料常为木炭、木材、柴油、煤、焦炭、煤气等，也有用电阻烘炉的。最为常用的是木材和煤，价格便宜、来源方便。将准备好的木材从人孔门装入炉内，点燃木材即开始烘炉，炉顶各孔如电极孔、下料孔等开始均打开，这样有利于木材的燃烧。1～2 天后视情况适当关闭各孔，让烟气从炉气出口排出。炉顶上要装好热电偶和温度表，并做好记录，特别要强调温度必须缓慢上升。当温度达（150±30）℃时，应维持较长时间，绝不允许温度忽高忽低。

有些地方缺乏木材，则可在电炉内设置燃煤或焦炭的炉子，并在人孔门和上下渣口鼓风，煤或焦炭从炉顶电极孔或加料孔加入。

如果是带水冷套的电炉，则当炉温超过 150℃时应打开冷却水阀门，保持水套排水温度在 50～80℃之间。而且在以后的烘炉开炉过程中不能停水。

2）中温烘炉

中温烘炉的方法仍和低温烘炉的方法基本相同，采用的燃料仍为木材、煤和焦炭等。中温烘炉和低温烘炉并没有严格的界限。也就是说，中温烘炉是在低温烘炉的基础上继续进行，只是烘炉的温度继续上升，控制在 300～600℃，时间控制在 3～5 天。

3）高温烘炉

以前高温烘炉阶段一般先在电炉内铺上一层碎焦，通电起弧，利用电弧和焦炭的燃烧进行烘炉，并在此基础上进行化渣洗炉，但是这种烘炉方法比较繁琐。天水某厂在长期实践的基础上做了如下改进。此阶段分为两步：第一，继续在中温烘炉的基础上提高温度达 800℃以上，时间控制在 2～3 天，完成后熄火，将炉底的灰屑铲出；第二，从三个加料孔加入底渣，即干燥水淬渣，底渣的加入量应为底渣熔融后，底渣面达到或接近上渣口为宜。底渣面上再加上碎焦和石墨粉，合高压闸起弧化渣。此过程把高温烘炉、化渣和开炉预热等三个操作过程合并在一起。为了保证烘炉品质控制温度均匀稳定上升，二次电流开始不宜过大，应逐步增加。

在高温烘炉阶段的第二步开始之前，应将炉内的木材灰渣铲出，并且要尽量清扫干净。因为：①木材为碱性物质，会影响刚开炉时渣的酸碱度；②木材灰飘在渣面上，会影响炉料还原挥发熔炼反应；③木材灰会随炉气进入冷凝系统，造成冷凝系统堵塞并影响锌粉品质。

因此，必须将木材灰清除干净后，才准许投入预先烘干的水淬渣。1250 kV·A 电炉在这一阶段的时间常控制为 1～2 天，2000 kV·A 电炉为 2～3 天。

4.3.3 电炉的开炉与停炉

电炉的开炉过程一般分为铺底渣、起弧化渣和加料熔炼三个阶段。

4.3.3.1 铺底渣

选好合适的水淬渣，经烘干或晒干，计量后经提升机送至炉顶上部的料仓，由螺旋给料机从下料口加入。为了缩短铺底渣的时间，可将螺旋给料机的转速适当调快。当底渣铺好时，料仓的底部留 200～300 kg 的底渣作为气封用，其作用：①防止化渣时大量炉气从螺旋给料机和料仓溢出，而将它们烧坏变形；②防止化渣时炉气中的锌和氧化锌在给料机中烧结；③防止化渣时大量的热量散失；④防止炉顶上大量炉气跑出而污染车间；⑤可降低渣面温度。

若用混合炉料封，会使炉料中氧化锌被还原而造成损失，所以用水淬渣封为宜。

底渣作一次性加入，加完后人工耙平。渣面距炉底的高度为 1000～1200 mm。由于冷态炉渣的导电性差，为了便于起弧，上面还要加些导电性好的碎焦炭和石墨粉。

在底渣炉面中心铺上一层粒度为 3 ~ 8 mm 的焦炭 200 kg 左右, 摊平面积比极心圆稍大。比如极心圆直径为 φ1250 mm, 焦炭层面积约为 φ2000 mm 的圆面积。焦炭铺好以后, 上面再铺一层石墨粉, 大约 100 kg。石墨粉可用废的石墨电极在车床上车削而成。石墨粉的铺法有两种:一种是铺成一个圆面积;另一种是铺成三角形。三角形的三个顶点正好是三相电极的下放落点。铺底渣完毕后, 再起弧化渣。

4.3.3.2　起弧化渣

(1)起弧化渣之前应将夹持器和电极调整好。先把电极下降至与渣面石墨粉距离 1 ~ 2 cm 的位置。这时应考虑电极在化渣过程中继续下放, 特别是开始化渣期间不宜停电, 以免造成已熔化的部分冻结, 再次起弧困难。故这时应将夹持器放至上部极限位置为宜。而新开炉时每相电极最好装上三根, 5 m 左右, 这就避免在化渣期间停高压下放或接长电极。

(2)当夹持器和电极调整至适当位置后, 即可放下电极。一人在人孔门观察, 指挥操作工人下放电极。当电极下端与石墨粉刚接触时即停止下放电极, 这时三相电极的下端应基本控制在同一水平面上, 不要高低悬殊。同时对电极的位置即电极下端距炉底的距离进行测量, 并将滑车架在立柱上的位置作好记号, 这便于在化渣过程中掌握控制电极的下降高度。

(3)送电起弧化渣。待上述工作完成后, 即可合高压开关送电起弧化渣。这时在人孔门应有操作人员观察起弧情况。有时起弧非常顺利, 合高压开关后, 即可看到电极下端与石墨粉之间发出蓝色的弧光并听到轻微的嚓嚓响声由小渐大, 慢慢将电极周围的炉渣烧红。有时起弧也很不顺利。送电后, 很长时间不起弧, 这可能是石墨粉的品质及石墨粉的导电性能差等原因所致。这时操作人员就要不断地调整电极下端与石墨粉的距离, 促使他们之间放电。

当电极下端起弧后, 周围底渣不断受热发红, 此时电极也随之下降。电流维持在 5 ~ 10 A(一次)。当三相电极周围底渣明显由暗红缓慢变至深红且发亮时, 电流也能稳定。

随着化渣过程的进行、电极周围的渣温逐渐升高, 电流也会慢慢增加, 底渣上部逐步会被软化并慢慢熔化。随着底渣的软化或熔化而渣面不断下降, 渣面与电极之间的距离也不断增加, 因此电流又会减小。为了提高温度, 必须将电极向下放至渣面或渣面以下, 这时电流也随之上升。达到 15 A 时, 炉温继续上升, 底渣被熔化程度越来越大, 渣面将随之下降, 电极下放的程度也随之增加, 而电流也要逐渐加大。当电流控制在 15 ~ 20 A 时, 温度上升很快, 电极下端与炉底渣料面的火花也很大, 电极周围渣面的颜色逐渐由清晰变得浑浊, 以致看不清楚。电极熔融渣时发出喳喳响声和轻微的振动声, 从人孔门观察到炉内底渣与电极之间火光发白发亮, 为 40 ~ 60 min, 砌好人孔门, 再把炉顶的电极孔用硅酸铝纤维毡封住, 下料口和其他孔也用硅酸铝纤维毡封好, 化渣产生的炉气经炉气出口进入冷凝系统后排空。

在化渣过程中应经常探渣, 每班不少于四次。检查炉内底渣的熔化情况, 根据熔化情况及电流的变化及时调整电极的下放程度和电流大小, 再根据探渣检测渣池溶体的深度, 来判断底渣熔化程度。

综上所述, 化渣的过程是第二阶段高温烘炉、化渣及开炉预热的过程, 其预热的程度就是将熔池中的底渣完全熔化, 使炉内熔渣具有足够的热容量和足够高的温度, 当向炉子加入炉料后, 依靠炉内熔渣的温度和足够的热量使炉料的金属氧化物迅速与碳和一氧化碳发生还原反应, 而炉内熔渣的温度不会明显降低。

4.3.3.3　投料开炉

熔渣深度达到 400 mm 后, 方可投料。

（1）投料前准备工作

①开启冷凝器、第一惯性分离器等设备上的所有给水阀，确认各排水量及水温符合要求。

②安装好活动喉口，搞好密封。

（2）投料

投料要做到少而均匀，炉顶温度不得超过1200℃。投料电流控制在2000～3500 A，要求三相电流及二次电压平衡。注意电流变化情况，随时调整到规定范围内。

每半小时对电炉、冷凝器、第一惯性分离器各排水口巡检一次，检查水量、水温情况；每一小时对变压器巡检一次，保持变压器室通风良好，室温<40℃，油温<65℃。

整定好各个温度、压力参数，确保系统压力自动/手动控制准确，报警动作可靠。

开始投料的当天，各班根据炉子情况投料，一般为正常生产量的40%～50%，第一次产出的锌粉作为毛粉返回配料，然后转入正常生产。

4.3.3.4 停炉

停炉一般分为计划停炉和故障停炉，按停炉时间长短又分为长期停炉和临时停炉。

（1）计划停炉

由于炉子需要大、中、小修或其他方面原因，由生产计划部门有计划地安排的停炉属于正常停炉，也叫计划停炉。根据停炉时间的长短又分为长期停炉和临时停炉。

1）长期停炉

长期停炉指停炉时间在一天以上者。按照计划停炉的日期，首先停止加料，并将电极提起15～30 min后，从上渣口放渣，上渣口无渣流时再将炉喉吊开。然后从下渣口放底渣直至放完，待炉子冷后打开人孔门。停炉后炉子要求逐渐冷却，冷却速度不宜太快，否则会引起电炉内衬砌体发生裂纹，影响炉体的寿命。

2）短时停炉

短时停炉时间一般在8 h之内，最长不超过16 h。由于电网系统停电检修；短时停水或者电炉的其他设备故障维修；烟气冷凝系统黏结堵塞进行大清扫等需要短时停炉。常见的停炉方法就是停止加料，炉内采用保温措施。当接到临时停炉的通知时，最好有意识地将炉温提高些再停炉。如果停炉时间不足1 h，可不需要采用很好的保温措施。不管短时停炉时间的长短，均应关闭尾气阀门，减少系统抽力，保持系统始终处于正压状态。当整个系统恢复正常时，首先向炉内供电，适当提高熔渣温度后再行加料操作。其他系统按开炉规程进行，恢复正常生产。

（2）故障停炉

故障停炉主要是炉子本身出现的故障（或事故）而引起的停炉，如炉底冻结、电极断落、泡沫渣、电极升降及供电系统故障、下料装置故障、冷凝系统故障等。

故障停炉应根据停炉时间的长短，按前面介绍的停炉方法执行。

4.3.4 正常生产操作与控制

4.3.4.1 配料

配料工作在电炉的正常操作与控制中起着非常重要的作用。在某种程度上说，它决定着炉况的正常运行，金属回收率、炉衬的使用寿命以及安全生产等技术经济指标。因此，在电炉炼锌的生产组织中，一定要把配料工作摆在重要的位置上。

（1）还原剂和辅助材料

对原料、燃料及辅助材料的技术要求在前面已经做出介绍，本节不再叙述。

（2）配料原则

1）合理的碳量

在火法炼锌的还原基础理论一章中已经详细叙述了金属氧化物被还原的基础理论，主要还原剂是 C 和 CO，C 与 CO 来自于焦炭。

根据炉料中的主要金属氧化物 ZnO、Fe_2O_3、PbO、CuO 等被还原所需的理论炭量决定焦炭的配比，为使配炭准确，要求化验结果误差要小，各炉料计量准确，否则焦炭过多过少均会产生危害，在生产实际中，所配炭量应为理论炭量的 1.1～1.2 倍。在计算理论炭量时还须注意的一点，就是炉料中的铁不宜全部被还原为金属铁，一般要剩有 60%～70% 仍呈氧化亚铁状态是合适的。其理由如下：电极附近温度较高，由于有炭存在，还原能力很强，故在高温电弧作用下，渣中 CaO、MgO、SiO_2 等均有可能被还原甚至挥发，进入炉气中，成为冷凝核促使形成锌灰。若渣中有铁的氧化物存在，则它首先被还原，减少 CaO、MgO 及 SiO_2 的还原。

若渣中金属铁量过多时，由于氧化亚铁活性大，遂与生铁中 C 起反应，使生铁脱 C 变得难溶，炉内产生的生铁不易放出。

2）良好的渣型

良好的渣型是配料的基本原则之一，良好的炉渣渣型可以保证熔炼过程顺利。要求炉渣具有合适的化学组成、适当的熔点、较低的黏度、良好的流动性、外加熔剂少的特性，以确保还原熔炼挥发反应顺利进行、回收率高、电耗低。

实践中应根据原料成分、性质及熔炼特性、炉衬的材质配制适当酸碱度的炉渣，以求尽量减轻炉渣对炉衬的侵蚀。一般控制 R 值在 0.92～1.0，K 值在 1.0～1.4。渣型过于偏酸或偏碱对铬渣砖炉衬不利，都会影响炉衬的寿命。每次放出的水淬渣的成分都要进行分析，检查实际渣成分是否在配料计算的渣型波动范围之内。如果超出范围，要作及时调整。

炉渣的黏度与熔点对炼锌电炉的正常操作及各项技术经济指标甚为重要。在生产实践中常使炉渣形成中性偏酸渣，常见的渣成分为 18%～25% CaO，26%～32% SiO_2，1.5%～3.0% MgO，20%～28% FeO，3%～7% Al_2O_3，2%～3% S，3%～5% Zn。

3）适宜的粒度

一般粒度控制在 10 mm 以下，并尽可能将物料中的粉料筛除。

4）水分

炉料水分控制在 1.0% 以下，有条件最好能够控制在 0.5% 以下。炉料带入水分过高，很可能产生炉压迅速升高和形成泡沫渣等不良后果。水分过高还会导致部分还原出来的锌蒸气的再氧化。影响锌粉的直收率和有效锌含量。

（3）配料操作

①严格控制入厂原材料品质。

②在对各种原材料（入炉料）提供准确分析数据的基础上，根据渣型确定配料比。

③对各种入炉物料进行破碎筛分及干燥，使其达到粒度与水含量的要求，分别堆入各自料仓，不得混堆乱堆。应插好标牌，标明物料名称及品质等级。

④按厂部或车间下达配料单严格进行配料，准确计量。

⑤混料均匀，送入炉顶储料仓。

4.3.4.2 电炉熔炼操作

电炉熔炼的正常操作主要包括密封螺旋加料、电极的升降、电极的接长、探测熔池中渣层的深度、密封电极孔、放渣、对主要操作参数的控制与调整等。

司炉工根据车间有关控制电压、电流、加料量、炉温、炉顶压力等参数的技术规程和炉况的变化及时调整各项操作。要注意并熟练掌握操作台和仪表屏上的有关仪表指示和控制按钮的用途及使用方法。在更换、接长或下放电极时，要准确操纵电极的气动闭合开关，绝对不允许误操作。改变电极的转换开关时，必须在零位上稍停5s后，方可向相反方向旋转，以免烧坏电器机械设备。在操作控制旋钮时，眼睛要密切注视电极升降是否顺利自如，如有异常情况要立即通知有关人员检查处理。

（1）加料

由操作工启动螺旋加料机按钮进行加料。不管是自动还是手动，向炉内加料均应做到均匀。采用间断加料时，每次加料及间隔的时间要基本相等，每次的加料量和加料时间要基本一致。加料量的多少应根据炉子功率大小确定的炉床处理能力计算，或根据实践数据选定。例如1250 kV·A电炉日处理炉料（炉料中Zn含量为50%）能力为12~16 t/d，实际上为15 t/d或者为0.63 t/h。床能率（实践数据）为1.36 t/(m²·d)。2000 kV·A电炉日处理炉料能力为18~24 t/d，平均为20 t/d，处理量为0.90~1.0 t/h，床能率为1.13~1.51 t/(m²·d)，平均为1.40 t/(m²·d)。也可按炉时处理量及间断时间来确定，例如某厂采用每10 min加料一次，每次加100~120 kg，即(100~120) kg/10 min。

由于加料孔处易结瘤，实际的加料量与转速之间的量的关系也在不断的变化，操作人员除要经常清除下料口的结瘤之外，还要注意观察上料量与加料量的平衡，随时调整加料量达到规定的要求。

为适应开炉初期低负荷，炉料变化大，炉内温度不高及操作人员熟练程度和适应能力不强等情况，开炉初期可采用低料量、低电流的操作制度，其加料量为正常操作时加料量的1/3~1/2，逐步增加。

加料时，电流表的指针指数会上升，还会听到轻微的振动声。电流上升的幅度不大时可继续加料，如果电流上升过大或振动响声过大，炉压升高时应立即停止加料和停高压。加料时，由于炉料入炉后迅速发生反应，相应炉顶压力也会升高，不超过正常值均可。操作工要将加料时间、加料量等做好记录。

料仓要有充足炉料，保持下料口的密封，防止漏气。

（2）二次电压

目前不少厂家选购的炉用变压器均设有电动及手动无载调压装置，这方便于二次电压的调节。一般在刚开炉时，为了适用开炉初期低负荷、炉料变化大、炉内温度不够稳定、渣层较厚以及处理炉底结瘤时采用低电压操作。炉况正常时，采用正常工作电压。常用的工作电压为：1250 kV·A电炉的二次电压采用130 V；2000 kV·A电炉的二次电压采用150 V，如果入炉物料及渣型不经常变动，二次电压一般不做调整。

（3）工作电流

在同一档工作电压操作时，若要输入较大功率，可用电极插入深度来调整。电极向熔渣中深插，工作电流增大，但千万注意，电极不宜插得过深，以免烧坏炉底。反之，电极浅插，工作电流减小。因为炼锌电炉与其他炼铜、铅等电炉不同，炼锌电炉不希望熔池内的熔体分层，且希望熔体的运动激烈一些，这样可以把还原出来的单质铁等随时从渣中排出，避免炉底积铁。电极的插入深度还由熔渣温度、组成、熔池底部温度及熔池底部有无积铁来决定。如果炉渣温度低、表层有结壳现象，流动性不好，电极应插深一些；如果熔池底部温度低、又有积铁现象发生，电极也应深插一些。增加渣层底部的温度，增强渣的流动性，就有可能把熔体底部的积铁翻动起来从渣口放出。

试验表明，正常操作时，电极插入渣层深度为渣层厚度的 1/2 ~ 2/3 即可作为正常的工作电流。1250 kV·A 电炉的工作电流经常维持在 4500 ~ 5000 A，2000 kV·A 电炉的工作电流一般维持在 6500 ~ 7500 A。

（4）接长、下放电极的操作

在接长、下放电极的操作之前，首先停高压电。此操作一定要与电炉的其他操作协调，一般是与放渣同时进行，如遇特殊情况例外。利用专用电动葫芦或电动行车将电极吊住吊紧，如果电极上端螺孔处有积灰时，应用压缩空气吹干净，再用专用吊具旋紧吊稳，千万不可粗心大意。经检查无误时，则启动夹持器的加紧装置的气动闭合开关，即二位三通电磁气阀，送压缩空气至汽缸，拉动拉杆将夹持器的颚板放松。现对上述几项操作分叙如下。

①更换电极。松开电极夹紧装置后，用电动葫芦或电动行车将在用电极吊出，更换一根电极即可。

②接长电极。电极在熔炼过程中自身下端不断地消耗，因此必须经常补充接长电极。在操作中，一般是在放渣时进行接长电极的作业。在放松电极后，将电极下放到合适位置，关闭压缩空气夹紧电极，生产实践中在夹持器以上的电极段上加上一个用钢板做成的卡环（防止夹持器失灵的保护装置）。

③下放电极与上述程序大体相似。

（5）电极的密封

炼锌电炉炉顶压力一般为正压 250 Pa 以下，由于电极经常在电极孔内上下移动，含锌炉气在电极孔处会冷凝结瘤，给电极的移动及电极孔的密封带来困难。有些单位曾为电极的密封设计了电极密封装置，但使用过程均不成功而告终。目前多采用简单易行的土办法解决电极漏气问题，即在电极孔的上部做喇叭形，电极定位后用硅酸铝纤维板将电极与电极孔之间隙处堵住，使用木棒捣紧。如果因电极移动或因炉顶压力大被冲开时，经调节正常后再将其堵住。

（6）炉顶开孔处的清扫

炉顶的孔洞如电极孔、加料孔、测压孔、测温孔、探渣孔等在正常生产时，经常被冷凝锌与氧化锌尘黏结，有时无法正常工作，必须定期清扫，及时清除较大结块，保证炉子正常运行。

（7）炉顶压力

炉顶工作压力不得大于 250 Pa。炉顶压力与二冷进口的压力一般相差在 50 Pa 左右，如果压差大于 50 ~ 100 Pa 时，则表明系统阻力增大，应进行清理。

当炉内压力增长过大超过正常值，又发现电流猛升时，要立即停送高压，但不能急于提电极，以免电极松动后炉气冲出而烧坏设备，待压力下降恢复正常后再将电极提出渣面，并送高压,然后再逐渐下放电极至合适的深度。

(8)炉顶温度与渣温

炉顶温度应控制在锌蒸气的露点以上。炼锌电炉的炉顶温度一般控制在1050~1150℃之间为宜。炉顶温度过高,要从电炉的技术条件及炉气系统找原因,迅速排除。

熔池内的渣温测量比较困难,一般是放渣时采用光学高温计或其他高温计测量,经常波动在1200~1350℃之间。国内某厂曾用热电偶实测渣温高达1420℃。有经验的操作者常以目测来大致判断渣温的高低,准确度较高。

(9)探渣操作

探渣的目的主要有三个:一是测量熔池深度,决定是否放渣;二是探渣时带出渣样,初步判断渣的酸碱度或送化验室分析;三是在探渣时还可大致感触到熔池中渣的流动程度,以判断渣温和渣黏度。

探渣是使用一钢钎从探渣孔直接插入渣层后拔出。探渣的频率没有做出具体规定,一般开炉初期要稍多些。正常操作时,每班1~2次。

(10)放渣操作

随着冶炼过程的不断进行,渣量不断增多,熔池渣面不断上升,如不放渣或不及时放渣,将使冶炼过程无法进行甚至会造成重大事故。因此放渣是熔炼过程中的主要操作。放渣一般分为两种:一种是上渣口放渣,放渣制度为每天一次;另一种是底渣口放渣。电炉运行一段时间后,由于炉底金属层增厚或渣型紊乱需要换渣或停炉时,皆由底渣口放渣。

1)上渣口放渣

经探渣确定熔池深度,若渣面超过上渣口200 mm时,则通知炉前工准备放渣。放渣前15~20 min停止加料,待最后一批炉料入炉2~10 min即还原反应进行完毕,立即停止高压电。放渣前20 min开动水淬渣泵,用水泵将水淬渣池的水放满,然后用钢钎打眼放渣。如果渣口难开,应用吹氧管通氧气烧通渣口,尽量缩短放渣时间,保持炉内温度。

烧氧操作首先在渣口处把木柴或木炭点燃,然后一人操作氧气开关,气量由小到大。一人手持烧氧钢管(ϕ6 mm),将氧气钢管前端放到燃烧的木柴和木炭上点燃。点燃后,要对准渣口中心,避免烧斜,否则将烧在耐火砖上,既使不烧穿耐火材料,也会扩大渣口。当渣口烧通并拔出氧气管后,方可关闭氧气。

放渣时,应随时观察渣温、渣流动性、渣黏度、渣量、冲渣水量、水压是否合适,保证渣溜槽畅通。反之溜槽结疤会使熔渣溢流到地面而引起放炮,导致人身安全事故的发生。

当上渣口不见流渣或渣量很小时,及时清理渣口,用黄泥塞堵渣口,通知司炉工及加料工加料。开炉一段时间后,渣口增大,可用铬渣砖块堵渣口,防止跑渣。

放出的水淬渣经沉淀后,上清水流至沉淀池供循环使用,炉渣及时装车运往渣场。水淬渣应及时取样送化验。

2)下渣口放渣

为防止高熔点金属在熔渣中沉淀到炉底,可定期从下渣口(即底渣口)放渣,将高熔点熔体排出炉外,流入渣坑时切不可遇水,否则会引起放炮。有时为了更换渣型,也可从底渣口放渣,换上所需渣型的炉渣。

放底渣时一般先从上渣口放完渣后再放底渣,主要是为了降低熔池中渣深度,减小渣的压力。下渣口放渣操作时,因炉内渣层高,压力大,所以不要将渣口开得太大,以免伤人。

下渣口放入渣坑中的渣待冷却后，运至渣场。

3）放渣操作注意事项

放渣操作必须穿戴好劳保用品，严防高温熔融炉渣烫伤。

烧氧开渣口时，烧氧管必须水平对准渣口中心线操作，切勿烧偏到炉体砖或闸口小水套上，以免烧坏炉墙或烧穿水套。

如果是长期停炉，则先开上渣口，放渣水淬，然后再打开下渣口，尽快将底渣放入渣坑中，防止炉渣在炉内冻结。

（11）电炉熔炼操作注意事项

①为保证炉况顺行，配料要准确，加料要均匀、及时，间隔时间应均衡。操作电流要均匀稳定，精心操作勤检查观察，发现问题及时处理。认真做好记录。记录内容有：配料比、加料量、加料时间、操作电压、电流、炉顶温度、压力、放渣时间、消耗电极、锌粉产量等，数据要认真及时如实填写。

②加强电极孔的密封，防止冒火及冒锌蒸气，防止锌蒸气在电极孔四周冷凝结瘤而卡死电极。

③根据操作需要，切换电炉变压器的电压等级时，首先停高压，然后切换并检查是否有误，确认无误方可合闸送电。送电前应将三根电极稍微提离渣面，避免过负荷合闸。

④停放或更换、接长电极时严禁带电操作，均应停高压并用压缩空气清扫电极接头孔，再接上石墨接头和石墨电极。电极接头处要求无缝。

⑤不要将夹持器夹在两根电极的结合处，以防折断电极或引起电极夹头打弧而烧坏夹头。

⑥变压器母线及短网积落的灰尘应定期用压缩空气吹扫，吹扫时应停高压。

⑦操作及处理事故时，人体与导电工具不得触及电极，以免造成电网短路和人身事故。

⑧定期清理炉顶下料管中的锌蒸气冷凝结疤，保证下料管畅通。

4.3.4.3　锌蒸气的冷凝与出粉操作

（1）冷凝系统的正常操作

1）要求稳定的炉气成分

锌蒸气在炉气（出口）中的浓度与竖罐炼锌的炉气成分相似，一般波动在 40% ～45% 之间，CO_2 含量应低于 1%。为此需保证入炉物料干燥且配料碳比合理。

炉顶温度要求大于 1050℃，电炉操作平稳、炉气量、成分、温度稳定均匀，锌蒸气才能获得良好的冷凝。

2）冷凝系统温度

要获得较高的冷凝效果，冷凝器前段温度应在 500～550℃，中段温度应在 250～300℃，后段温度应在 100～200℃。惯性分离器内温度应低于 150℃，布袋收尘器内温度应低于 120℃、但不应低于 60℃，以免炉气内水汽冷凝成液态水而堵塞布袋。

冷凝室温度主要靠调节冷却水的流量和温度来实现。每组冷却管和每块水冷套均有独立给水调节阀，可根据冷凝器各段温度及各冷却单元排水温度及时调整阀门开启度。

当出现炉顶温度正常，但冷凝器温度过高，且无法通过调节给水阀门开启度来降低冷凝器温度的情况时，主要是因为冷却管和冷却水套内壁黏接了锌粉、导致冷却效率下降所致，此时应把积粉振打清除。

3) 冷凝系统压力

炉气中一氧化碳含量在 45% 以上，在冷凝过程后炉气中的一氧化碳含量由 45% 增大至约 90%。为保证生产安全，防止冷凝发生爆炸，冷凝系统应保持正压操作，但冷凝器压力不宜高于 200 Pa，布袋收尘器排气压力一般不高于 100 Pa。

冷凝器进出口压力差不能过大，以免因系统漏气和炉气回流造成危险。一般应控制炉顶与冷凝系统进口之间的压力差小于 50 Pa。冷凝系统其他各点压力均应大于 20 Pa。如果炉顶压力和冷凝器进口压力差在 100 Pa 以上，说明炉喉部位堵塞，应及时清理炉喉。

(2) 出粉制度

大部分冷凝下来的锌粉会在冷凝器内沉降下来，其余少部分锌粉分别在惯性分离器及布袋收尘器内收集并沉降。当锌粉在各设备内积累较多时，不但会影响冷却效果，而且会有安全隐患，因此应定时出粉。根据设备产量及灰斗大小，出粉频率不同，一般冷凝器每 60~90 min 出粉一次，惯性分离器及布袋收尘器每 120~240 min 出粉一次。

(3) 清扫制度

由于锌的再氧化反应生成的氧化锌以及炉气内所夹带的细颗粒粉尘在矿热电炉与冷凝器之间的炉气通道 (即炉喉) 内壁会逐渐的沉积，导致炉气通道变小，当该通道缩小到一定程度，会引起炉气流动不畅、炉顶压力升高，进而使生产无法顺利进行。因此，应定期对炉喉进行清理，一般情况每 30~60 min 采用人工或机械清理炉喉一次，清理时应尽量把炉喉内壁清理干净，保持炉气畅通。

冷凝器的冷却管和冷却水套黏灰会导致冷却效率降低，需定期开启振打机构，清除壁上黏接物，恢复其冷却能力。

另外，由于炉气流速逐步降低，其夹带的部分锌粉会在冷凝器与第一惯性分离器之间、第一惯性分离器与第二惯性分离器之间、第二惯性分离器与布袋收尘器之间的连接管道内沉降堆积，使气流流动不畅，亦需要定期进行清理，一般情况每 2 h 采用人工清理一次。

正常情况下，清扫应分段进行，从清理布袋收尘器与第二惯性分离器连接的人字管开始，最后再清理炉喉。清理炉喉时应适当降低电流、减少或暂停投料，防止炉压过高发生安全事故。在清扫过程中要穿戴好劳保用品，开口时要侧向清灰口，以免喷火伤人。炉喉每 10~15 天进行一次大清扫。

冷凝系统作业严禁两个以上的岗位同时进行操作，防止引起压力波动导致废气回流、发生爆炸或喷火伤人。

4.3.4.4 电炉锌粉生产的常见故障及其处理

电炉锌粉生产中常出现的故障有：断电极、高压停电、低压停电、高低压同时停电、跳闸、黏渣、出现泡沫渣、炉压失控等。

(1) 判断炉况的依据

判断炉况正常与否，以下几点可作为判断炉况的具体依据和参考。

1) 炉温正常

炉料在炉内反应速度快、炉压稳定、炉温稳定、冷凝系统温度正常、渣流动性适当。渣温过高时，还原能力过强，渣明亮；反之渣的明亮程度减弱甚至变红或渣槽挂渣。

2) 渣流动性

炉渣温度高呈明亮状态时，渣的流动性好；反之，则渣流动性差且发红。

3）渣的酸碱度

根据炉渣的外表有时可以大致判断出炉渣的酸碱度。凝固的渣样边缘光滑，中心呈石头状，则渣为中性。渣溶体的黏度大，可以拉成细长的丝，凝固时呈玻璃状，断面光滑，则为酸性。渣的黏度小不能拉成丝，凝固时易结晶，其断面粗糙或呈石头状，则渣呈碱性。

4）炉内还原性气氛的强弱

放渣时若有铁花出现，渣的流动性差，甚至溜槽中有积铁等现象，表明炉内还原性气氛过强。渣面白色的烟雾多、火焰大、渣发红，说明炉内还原性气氛弱。

5）熔料速度

主要是单位时间内的加料量、加料间距均衡程度。加料批数减少，批距不均匀，则表明炉子不够正常。

6）炉顶压力

当炉顶压力在 $100 \sim 250$ Pa 且与冷凝器压力差小于 50 Pa 时炉压正常。

7）加料时电流波动不大，很快恢复正常表明炉况正常

（2）电极断落故障

1）电极断落故障产生的原因

电极的内在品质不合格，有裂纹，电极的连接不好，电极处在高温状态下被氧化，电极孔处被冷凝锌或氧化锌结死，升降时过于用力而将电极拉断或其他操作不慎。

2）电极断落的危险性及处理

电极断落是非常危险的，由于电极断落突然掉入熔池，不但会造成炉内电极短路，使电流、电压急剧摆动，影响正常送电，而且会在炉内形成巨大压力。轻者冲开电极孔、加料孔、冷凝器防爆孔；重者可将炉顶冲垮，熔渣溅出炉外，将发生设备厂房烧坏，人员伤亡等重大恶性事故。因此在操作上和对电极的品质检查等方面绝不可掉以轻心。

发生电极断落炉内时，应立即停电、吊开炉喉，待炉温稍低后再打开人孔门，捞出断落电极。

（3）高压停电

高压停电造成炉内无功率，此时应立即停止加料，并将三根电极提离渣面，通知电工查找停电原因，根据停电时间长短，决定是否放渣。如果停电时间超过 8 h，可考虑放渣以免炉渣凝结；如果停电时间在 8 h 内，则可加焦炭或木材保温。

（4）低压停电

低压停电导致加料螺旋不能加料、吊车不能上料、电极不能升降。因此，当低压停电时，拉开运转设备的电器开关，通知电工查找停电原因并尽快抢修。同时开启备用水源，给水冷炉壳、水冷炉喉及冷凝器供水，防止设备干烧。

为使炉渣不致过热，利用电极卷扬机的手动装置操作，将电极提起，减少送电负荷，以维持炉渣不冻为目的。

（5）高低压同时停电

当高低压同时停电时，首先应拉下高低压配电屏的电气开关，并通知电工查找原因尽快排除故障后送电。

根据停电时间的长短决定是否向炉内加焦炭保温或者放渣停炉，切不可草率从事。否则会给来电后转入正常操作带来麻烦和不必要的损失。

在高低压同时停电时,炉前工应通过电极系统的手动装置将三根电极提离渣面,以防停电时间过长,渣面冷却结壳而包住电极。

在停电操作过程中一旦电极被炉渣包住,千万不可提升或下降电极,否则会将电极拉断,此时应停高压、降低二次电压等级后再送电起弧,慢慢将包住电极的炉渣结壳熔化,使电极脱离渣层或转入正常化渣操作程序。

(6)跳闸

如遇供电跳闸,首先将三根电极稍稍提起,由电工检查电气系统有无短路或接地,然后再检查电极插入深度,如果电极插得太深,电极端部接触炉底金属层时,会造成电极间短路而跳闸,应将电极提升。此外,渣面焦炭层过厚亦会造成焦炭层短路,使炉顶温度猛增。出现此种情况,应该打开人孔门扒出部分焦炭,或打开上渣口放渣将焦炭放出。

(7)泡沫渣

1)泡沫渣产生原因及危害

当炉料配料不准造成渣型偏酸,则渣的黏度增大使反应气体不易排出,导致炉渣起泡使渣面上涨。严重时,炉渣溢出至炉喉,冷却凝固后堵塞炉喉,使炉子无法运行而不得不停炉。如果熔渣大量流入冷凝器可能导致冷凝器水套内冷却水迅速汽化而发生爆炸事故,在国内某厂就曾经发生过此类事故。

由于加料时间间隔过长,炉料全部熔化而使炉渣过热,当突然加入过量冷炉料和含水分高的炉料时熔渣激烈翻腾,冷炉料和热渣混在一起,反应起泡不易排除,也是产生泡沫渣的原因。

2)出现泡沫渣的处理办法

一旦出现泡沫渣应立即停高压,使渣中的气泡慢慢排除,再打开放渣口,把上层渣放掉。然后采用低功率送电,并根据泡沫渣化验结果及时加熔剂调整渣型。

3)避免形成泡沫渣的办法

第一,配料准确,经常探渣并控制好冶炼渣型。

第二,加料量及加料时间间隔要均衡。

第三,控制好炉料成分和水分。

第四,不得在短时间内往炉内加入大量返粉和锌块。

第五,控制好炉渣温度。

(8)黏渣

1)黏渣产生的原因

炉渣中 CaO、SiO_2 等组分含量过高或过低,而熔炼条件又不能与之相适应,会引起炉渣的黏度增大。炉内还原性气氛弱、熔炼温度低、渣中锌含量高、炉渣供热不足会使炉渣的黏度增大。炉内还原能力过强,使炉料铁氧化物还原成金属铁,而金属铁的熔点高,使渣的流动性变坏,黏度增大。

2)处理方法

针对炉渣组分中的 CaO、SiO_2 过高或过低应及时调整渣型,防患于未然。对高锌渣的产生应提高炉温、增加焦炭来进行调整。对于过还原渣处理时,应降低炉温 $50 \sim 100℃$,减少焦炭量。

上述的处理方法要根据炉况和其他技术条件酌情进行,不可生搬硬套。

（9）炉压突然增大，电流增高

炉内压力突然猛增，电流剧烈增大，可能形成泡沫渣、冲开下料孔和冷凝器防爆孔、严重时可把炉顶抬起。

处理方法：一旦发现炉内电流剧烈波动，炉内压力猛增，应立即停止加料并停高压；操作人员立即经安全通道撤离工作点，防止烧伤；待压力下降后，再清扫现场恢复生产。

4.3.4.5　安全与环保

电炉炼锌系高温、带电作业，同时又伴随着一氧化碳浓度高的烟气及正压操作，故安全生产极为重要。各岗位操作人员必须做到严、细、精，防止事故的产生。

①认真贯彻生产技术操作规程，严格岗位操作制度和操作程序。

②严格劳动纪律，不准脱岗、串岗，不准上班喝酒，禁止吸烟。

③穿戴好劳保用品，在处理事故及操作时，应站立在上风向，防止煤气中毒。

④切实保护炉气系统的正压操作，防止放炮及爆炸事故的发生。

⑤带好防毒口罩，一旦煤气中毒应立即撤离现场。

⑥非操作时间不准站在渣口、炉气口、电极孔、炉喉旁、渣池边等处，防止跑渣、喷渣冒火、漏气或踏入锌液池中造成人身事故。

⑦接长、下放或更换电极时，严禁带电作业，均应停高压。切换电炉变压器等级时，首先停高压。

⑧正常操作及处理事故时，人体及导电工具不得触及电极以免造成电网短路及人身事故。

⑨炉气系统进行清扫时，动作要迅速、准确，尽量减少 Zn、ZnO 及 CO 的外逸，防止对车间内外环境的污染和煤气中毒。

4.3.4.6　检测与计量控制

在生产过程中，应对有关热工项目进行检测，并对入炉物料、锌粉、炉渣等进行计量和化验。

（1）热工与计量项目检测见表 4-15。

表 4-15　热工与计量项目检测

检测项目	单位	正常范围	测量地点	频率
温度	℃	1050~1150	炉顶	常指示
温度	℃	450~500	冷凝器前段	常指示
温度	℃	150~200	冷凝器后段	常指示
温度	℃	约100	布袋收尘器	常指示
温度	℃	约1300	放渣口（渣温）	抽测,3次/月
温度	℃	40~70	各冷却水套出水口	抽测,2次/班
压力	Pa	150~250	炉顶	常指示
压力	Pa	100~200	冷凝器	常指示

检测项目	单位	正常范围	测量地点	频率
压力	Pa	20 ~ 100	二惯分离器	常指示
压力	MPa	约 0.5	冲渣水泵出口	常指示
压力	MPa	约 0.4	冷却水泵出口	常指示
压力	MPa	约 0.7	夹持器气动装置	常指示
质量	kg	2000(电子称)	焙砂、焦炭、石灰、石英砂配料处	××批次/班
质量	kg	1000(地磅)	产品锌粉入库	×批/班

（2）化验分析检测项目及频率见表 4 – 16。

表 4 – 16　化验分析检测项目及频率

物料名称	检验内容	频率
焙砂	Zn,Pb,S,FeO	1 次/天
焙砂	Zn,Pb,Cd,S,SiO_2,FeO,Fe_2O_3,CaO,Al_2O_3,MgO	1 次/(批,堆)或抽查
焦炭	C,S,A,W,灰分中的 SiO_2,CaO,MgO,Al_2O_3,FeO	入厂批样,干燥后样(1 次/批)
焦炭	C,S	1 次/天
石灰	CaO,MgO,SiO_2,FeO,Al_2O_3,灼损	1 次/批
石英砂	SiO_2,CaO,MgO,FeO,Al_2O_3	1 次/批
炉渣	Zn,Pb,Cd,S,SiO_2,CaO,FeO,Al_2O_3,MgO,R,K	1 次/天
探渣	Zn,SiO_2,CaO,FeO,Al_2O_3,MgO,R,K	抽样
锌灰	Zn,Pb,Cd,S,SiO_2,FeO,CaO	1 次/批
蓝粉	Zn,Pb,Cd,S,SiO_2,FeO,CaO	1 次/批
锌锭	Zn,Pb,Cd,Cu,Fe	1 次/天

4.4　技术经济指标

4.4.1　主要技术经济指标

电炉锌粉在我国起步较晚，但最近几年有长足的发展，主要的技术经济指标也有很大程度提高。现就我国较有代表性的电炉锌粉生产企业 2009 年的主要技术经济指标介绍如下，详见表 4 – 17。

表 4-17　国内部分电炉锌粉厂主要技术经济指标(2009 年)

序号	指标项目	单位	技 术 数 据				
			云南某厂	广西某厂	河南某厂	内蒙古某厂	云南某厂
1	电炉变容量	kV·A	800	1250	1250	2000	2500
2	入炉物料含锌	%	≥50	≥50	≥50	≥50	≥50
3	平均锌粉产量	t/d	3.5	5.5	5.2	10.5	14
4	锌直收率	%	93	93.6	94	95	95
5	渣含锌	%	4~6	4~6	4~6	2~4	3~5
6	单位电耗	kW·h/t	4200	3800	3800	3400	3200
7	电极单耗	kg/t	12	14	15	12	13
8	焦炭单耗	kg/t	240	240	250	255	240
9	熔剂单耗	kg/t	80	90	80	60	80
10	水单耗	m³/t	9	8	8	7	7
11	投运时间		1999 年	2005 年	2006 年	2007 年	2009 年

从表 4-17 可以看出，虽然我国电炉锌粉制造起步比较晚，但是技术进步较快，主要技术经济指标都有显著提高。

(1)电炉日产量不断提高

云南某厂自从 1999 年 9 月 17 日开炉以来，日产量逐年提高，800 kV·A 电炉的日产量由 1999 年的 2.6 t/d 提高到 2009 年的 3.5 t/d；而内蒙古某厂 2000 kV·A 电炉日产量在2007 年上半年开炉时平均为 9.5 t/d，而 2009 年平均日产量达到 10.5 t/d；以上数据充分说明，近几年我国电炉锌粉有了长足发展，日产量逐步提高，而且潜力还很大。

(2)电耗不断下降

电炉锌粉的电单耗逐年大幅度下降。随着冶炼工艺技术水平的提高，特别是单炉日产量和直收率不断提高、而且单台电炉容量不断地增大，锌粉电耗从 20 世纪 70 年代的 4800 kW·h/t，到本世纪初的 4200 kW·h/t，2009 年已降至 3200 kW·h/t。可以预计，随着大功率锌粉矿热电炉的投产，电炉锌粉的电耗降低至 3000 kW·h/t 以下是完全可能的。

(3)直收率

电炉锌粉的直收率是电炉炼锌工艺过程中各种因素综合作用所体现出来的指标，它与配料、渣型、炉况、冷凝条件等因素有关。在我国电炉锌粉开始起步的 20 世纪 70 年代，直收率较低，到 90 年代末，直收率只有 92%~93%，由于对电炉锌粉工艺技术的不断实践、探索、总结，以及对工艺装备的不断开发改进，目前直收率已经达到 94%~95%，随着设备的大型化以及对渣型更深入地研究，有望把直收率稳定在 95% 以上。

(4)炉龄

炉龄指每个炉次从开炉化渣到放底渣停炉的时间，也称炉寿，不是指炉衬的使用时间。电炉炼锌的炉龄正在逐步增长，一方面是电炉炼锌工艺技术水平的提高；另一方面是耐火材料品质的提高及水套式水冷炉壳的采用，使炉龄延长。现在炉龄一般在 10 个月以上。

（5）焦炭消耗

电炉炼锌的焦炭消耗均以焦炭干基计算，当焦炭含固定碳在80%左右时，焦炭消耗一般在240～260 kg/t（锌粉），该指标与原料成分及渣型选择有很大关系。

（6）锌粉的品质

电炉锌粉的主要品质指标包括：总锌、有效锌和粒度，其他指标还有含铅量、含氯量和含硫量。

由于近年对渣型和锌蒸气冷凝机理有了较为深入的研究，因此有效锌已从20世纪90年代的平均不到86%（一级粉的标准），到现在的平均在88%以上，内蒙古某厂有效锌平均超过90%。

4.4.2　主要技术经济指标的控制

电炉锌粉制造技术水平已有了一定程度的提高，但是还有很多问题有待研究解决。为了保证电炉炼锌粉的经济性，对主要技术经济指标需进行有效控制。

4.4.2.1　配料与加料制度

（1）配料中的含C量

配料中的含C量是依据焙砂的成分计算所需要的理论含C量，再依次求出焦炭的配料比例。焦炭的合理用量与电炉的正常操作条件和炉况的正常运行及主要技术经济指标紧密相连，因此C的合理用量非常重要。C不足将导致炉料中的氧化锌还原不彻底，降低直收率和实收率；炭过多将会过剩，由于炭的导电性明显高于熔体的导电性，同时过剩的C还原剂会不均匀地漂浮在熔体表面上，会引起电炉操作的电流波动，有时会引起电流指针激烈摆动，甚至能感觉到炉体的振动，严重时会不断造成过流跳闸而使操作无法进行。过量的炭还会引起过还原，生成大量单质铁，产生炉底积铁而使炉底抬高。在刚开炉时，由于炉内熔渣温度偏低，总的热平衡还没有建立起来，配料时可考虑C的过剩量为6%～10%。当电炉运行一段时间，炉况比较稳定正常时，过剩C量可减至6%的范围内。

焦炭的粒度在配料中很值得注意，如果焦炭粒度过大，每批反应后焦炭不会用完，造成焦炭的累积，对电炉冶炼不利。一般操作中规定焦炭粒度在5～8 mm的范围内。但是焦炭粒度也不能太小，否则炉料入炉时，大量焦炭粉未未来得及参与还原反应即随炉气进入冷凝系统。此外对焦炭的空隙率、活性也有一定的要求。

（2）配料中的锌含量

炉料中锌含量主要与锌焙砂中锌含量有关，但与原材料及辅料的化学成分和配料比也有重要关系。焙砂的锌品位在60%～69%时，入炉物料中锌含量在54%～55%。一般锌焙砂锌含量在60%时，入炉物料锌含量可在50%左右。

电炉炼锌希望使用的焙砂的锌含量越高越好，这样可使配制的炉料含锌高，使得单位产品电炉锌粉所消耗的炉料少，进而降低电耗，提高金属直收率。但焙砂品位越高价格越贵，所以在选用物料时应该综合考虑多种因素，包括用锌铸型浮渣或氧化锌代替部分焙砂，以达到经济技术上的最佳。

（3）加料制度

目前我国电炉锌粉多采用预热炉料入炉，国外也多采用此法。而我国以前大多数电炉炼锌厂均采用冷料入炉。用冷态炉料加料制度工艺简单，投资少，车间内环境好，但电耗稍高。

从 20 世纪 90 年代开始,国内大多数电炉锌粉企业开始采用热态炉料入炉的加料制度。其炉况稳定、电耗较低,但炉料预热工艺复杂,设备增多,车间内环境差且金属飞扬损失多,需增加一定的环保投资。

4.4.2.2　炉顶温度

炉顶温度是电炉的主要技术操作条件之一,控制炉顶温度至关重要。炉顶温度与炉内熔体表层的热量辐射及炉气温度有关。炉顶温度是炉内熔体表层温度的表征,炉顶温度可以反应出冶炼状况正常与否。因此,必须控制炉顶温度保持正常范围内。炉顶温度的正常范围在 1050 ~ 1150℃ 之间,最佳范围在 1100 ~ 1150℃ 之间。

4.4.2.3　系统压力控制

系统正常压力是保证炉况正常运行的必要条件之一。间断加料、炉料反应不均匀性以及电炉的其他操作条件的变化都会引起压力的波动,特别是泡沫渣所带来的压力波动更具危险性。

炉顶压力控制的正常范围在正压为 150 ~ 250 Pa 之间,冷凝器压力控制的范围为正压力 100 ~ 200 Pa。系统排气压力控制在 50 ~ 100 Pa,它是靠改变尾气电动调节阀的开启程度来实现调节整个系统压力的目的。

4.4.2.4　渣型选择

电炉炼锌的渣型无论对于还原熔炼过程还是炉衬的使用寿命都是至关重要的。渣型的选择一定要适应炉衬材质,否则炉渣会很快对炉衬进行化学腐蚀。炉渣的选择要考虑渣的酸碱度、熔点、黏度、流动性、渣熔化温度以及渣温度分布等,特别要防止泡沫渣的形成。

实践中渣含锌控制在 4% 左右比较合适。若渣中含锌量超过 6%,则还原挥发率尚不到 97%,将会影响锌的直收率和回收率。渣中含锌量除了与渣型有关外,还与炉况特别是渣温、渣运动状态有关。渣温高对降低渣中锌含量有利。渣的黏度低,流动性能好,则渣中锌含量低。

综合我国锌精矿含铝状况,经过沸腾焙烧所产锌焙砂中 Al_2O_3 含量为 0.2% ~ 0.4% 之间。因此,炉渣中实际 Al_2O_3 含量比理论计算量的增值保持在 2% 左右。渣中 Al_2O_3 含量过高,也会造成熔渣熔点高。

渣中 Fe 含量低,有利于 ZnO 还原和降低渣中 Zn 含量。国内某厂实践表明,渣中 FeO 低于 15% 时,渣中 Zn 含量在 4% 以下。Fe 量过多,会造成工作电流上升,甚至无法控制。Fe 含量低,对 Zn 的还原挥发有利,炉渣中,FeO 的含量波动在 12% ~ 20% 之间均属正常。

锌焙砂中 MgO 含量为 0.4% ~ 1.2%,大多在 0.5% 左右,渣中 MgO 含量最多在 2.0% 左右。渣中 MgO 含量高,主要来自于石灰,一般石灰的 MgO 含量为 1% ~ 3%。SiO_2 和 CaO 是主要的造渣成分,可根据原料和辅助材料含量用熔剂加以调节。

4.4.2.5　冷凝效率

电炉锌粉的冷凝条件比较恶劣,因此要严格控制冷凝条件、提高冷凝效率。为此,应该采取如下措施:①配料时尽量避免使用粉状炉料,最好全部使用粒状炉料入炉;②控制好焦炭比例和炉料水分含量;③控制好冷凝器前后各段温度;④保持适宜的系统压力。

4.4.2.6　电极消耗

炼锌电炉属于埋弧矿热电炉,电极插入电炉熔渣中并产生电弧热和焦耳热,在炉料与炉渣之间形成高温反应区,发生复杂的物理化学反应。电极的消耗是炼锌电炉的重要技术经济指标。按照目前的工艺技术水平,选用常规石墨电极的消耗量一般在 10 ~ 15 kg/t(锌粉)。

选用高功率, 石墨电极的消耗量一般在 5 ~ 8 kg/t(锌粉)。

(1)电极消耗的分类

①突然消耗包括折断、开裂及脱落等。造成突然消耗的因素一般为: 炉料品质不合格、塌料、渣型不合理, 加料时电极机械振动过大, 电极连接不牢靠和不完善, 电极升降频繁引起机械、电磁振动, 电极孔被冷凝锌结死而硬性提升或压放电极等操作不当, 电极本身的品质不合格等。

②纯消耗包括端部消耗、侧面消耗。端部消耗的原因为: 高温电弧的直接作用, 使电极尖端升华, 电弧作为高温等离子体与电极相互作用引起的消耗, 电磁力和热应力的作用下, 炉渣熔体剧烈搅拌、冲刷炉渣中电极表面引起的消耗。侧面消耗又称为氧化消耗, 在电极消耗中占很大比例。侧面消耗即使在电极不通电时也会发生。

影响侧面消耗的主要因素是: 电极表面温度, 电极在炉膛中的表面积, 炉膛内气体成分、气氛、炉渣流动状态等。

(2)降低电极消耗的措施

①严格控制石墨电极入厂品质关, 按照高功率石墨电极 GB 3073—82 标准验收, 特别是抗折、抗压强度及弹性模量等应符合标准。

②在装、卸、搬运过程中, 避免损伤。选择合理渣型。

③采用正确的电气操作程序, 合理控制操作电压、电流及电力负荷。

④严细操作。

4.4.2.7 水消耗

在电炉锌粉制造工艺中, 冷凝器、炉喉、炉壳、惯性分离器等需要冷却水, 放渣时需要用水冲渣。现在一般都是采取循环利用的方式, 但由于水的蒸发, 需要定期补水, 其消耗量根据各地气候条件及设备结构的差异而不同, 但大致在 5 ~ 15 t/t(锌粉)范围内。

4.5 技术发展方向

湿法冶炼工业特别是湿法炼锌工业在中国的发展, 对置换用锌粉的需求越来越大, 对锌粉制造工业提出了更高的要求, 即置换效果要好而制造成本又要低。矿热电炉冶炼锌粉由于其具有的工艺技术优势近年在国内得到了快速发展, 单套生产设备的产量不断增大, 各项技术指标不断优化, 显露出如下几个发展方向。

(1)设备大型化

2006 年之前, 国内电炉锌粉制造用密闭式矿热电炉容量大部分为 600 kV·A、800 kV·A 和 1250 kV·A, 但近年容量 2000 kV·A 的电炉已成为新建电炉锌粉生产线的主流配置。目前, 已投产的技术指标达到先进水平的最大的冶炼锌粉的矿热电炉为 2500 kV·A, 尚有 3150 kV·A 矿热电炉正在建造中。

随着单台设备容量的增加, 各项技术指标得到提高。比如吨锌粉电耗从 600 kV·A 电炉的 4200 kW·h 到 2500 kV·A 电炉的 3100 kW·h, 下降了 26% , 同时单位劳动生产率也从 6 工日/吨锌粉提高到 2 工日/吨锌粉。其他诸如电极消耗指标、耐火材料消耗指标等都有较大幅度的下降。而锌金属的直收率、锌粉的有效锌含量也有较大幅度的提高, 分别从原来的 92% 和 86% 达到了现在的 95% 和 90% 以上。

由于冷凝技术的进步，单台容量 5000 kV·A 的电炉锌粉制造用矿热电炉开发成为可能。据了解，株洲火炬工业炉公司正在对 5000 kV·A 电炉锌粉生产线进行成套设备的设计、开发，所有技术开发工作已经完成，具备产业化推广条件。

（2）高效冷凝技术

高效冷凝技术是电炉锌粉生产线大型化的关键。目前部分企业电炉锌粉生产线之所以达不到产量，大部分是因为冷凝器设计不合理所致。比如国内某厂 2000 kV·A 电炉的产量只有 7 t/a，还有某些厂经常出现冷凝器炉气入口挂瘤子现象，这虽然有众多原因，但主要原因依然在于冷凝器前后各段热交换能力与含锌炉气的冷凝机理所要求的不一致。

今后，新型高效冷凝器发展的关键技术在于：

1）用不同材质金属喷流换热冷却管代替目前普遍使用的锅炉钢管制造的蛇形冷却管。根据理论计算和实践经验，喷流换热冷却管较蛇形冷却管的综合传热系数可提高 1～3 倍。喷流换热管的基本原理就是应用流体射流冲击技术强化对流传热，从而起到提高冷凝器内冷却管的综合传热系数、加大冷凝器冷却强度的作用，在不提高冷凝器外部体积的情况下大大提高其冷却能力。

2）开发冷凝器分区温度控制系统，实现冷凝器各段温度根据工艺需要自动控制。冷凝器各段所需达到的理论温度值是由炉气在该段冷却过程中所释放的热量来确定的。分区温度控制系统就是为确保各段实际温度符合额定值，达到冷凝器高效工作、产出符合要求粒度的还原锌粉的目的。分区各段采用独立的供水管路向该段金属喷流换热冷却管集中供冷却水，管路上装有带远传的温度计和流量计、以及可控制冷却水流量的电动调节阀。由于金属喷流换热冷却管的换热系数与内管上小孔内的冷却水喷流速度正相关，因而，调节冷却水流量可有效调节冷凝器各段温度，满足冷凝工艺的需要并实现对锌粉粒度的控制。

（3）提高冶炼强度

在冶炼过程中，炉膛内熔渣温度高，而且在电磁力驱动下不停地流动，对炉膛耐火材料产生严重的侵蚀，一般情况下，460 mm 厚度的铝铬尖晶石耐火砖炉墙只能用到 120～180 天就被熔渣侵蚀掉 80% 以上。为此冶炼工作者采取了降低床能力、扩大炉膛面积、增加炉墙厚度的办法来解决这一问题。由于在离电炉中心较远处，熔渣的温度较低、流动速度较慢，因而其对耐火材料侵蚀破坏能力较弱，耐火材料使用寿命得以延长。

然而，随着单台电炉容量越来越大，采用扩大炉膛面积来提高炉墙寿命的办法已不现实，只有提高冶炼强度、提高床能力，才能满足设备大型化的需要。为此在炉膛熔池渣线耐火砌体的外侧安装金属冷却水套以加强对该处耐火材料的保护，可大大提高床能力，减小大容量电炉的体积，优化其结构设计。

近几年来自动控制技术在电炉锌粉制造中得到了一定程度的应用，比如，炉压自动控制技术已取得了成功应用。今后几年包括配料在内的 DCS 集成控制技术必将在电炉锌粉行业得到广泛使用，对于进一步提高劳动生产率、提高设备安全性和使用寿命、优化技术经济指标将起到巨大的作用。

另外、电炉尾气是一种较好的能源，由于能源价格的上升以及国家节能环保政策的要求，其回收利用技术也将得到发展。

综上所述，随着中国湿法炼锌工业的发展和矿热电炉冶炼锌粉工艺技术的不断进步，电炉锌粉制造工业必将迎来一个发展的黄金时期。

第5章 冶金还原用喷吹锌粉生产

冶金还原用喷吹锌粉生产技术,属于快速凝固－粉末冶金范畴。该技术不但可以生产纯金属粉末,还可以生产合金粉末。

快速凝固过程通常是指由液相到固相的相变过程,进行得非常快,金属或者合金的熔体急剧凝固成微晶、准晶和非晶态的过程。快速凝固的冷却速度可以达到大于 105 K/s,使得所制备的金属或合金与常规的凝固金属或合金相比,冷却速度提高了几个数量级。

冶金还原用喷吹锌粉生产技术,是普通的气体(空气)雾化技术,是粉末冶金中的亚音速气体雾化技术,可以认为是最初级的快速凝固技术,一般情况下冷却速度在 100 ~ 1000 K/s 之间。对生产纯金属粉末而言,气体雾化可以看做是一项单纯的熔体破碎制粉的办法,但对生产合金粉末来说,气体雾化过程中较高的凝固速度还使得粉末颗粒的微观组织和合金的性能发生巨大的变化。

各种金属液体雾化方法的特点见表5－1。

表5－1 各种金属液体雾化方法的特点

序号	雾化方法	粉末形状	粉末平均粒径/μm	典型冷却速度/$(K \cdot s^{-1})$	主要应用	主要优缺点
1	普通气体雾化	球形加类球形	50 ~ 100	$10^2 ~ 10^3$	中等活性或易氧化金属(采用氮气或氩气)	大规模生产,成本较低,但粉末粒度粗,冷速较小
2	紧耦合气体雾化法	球形加类球形	<50	$10^5 ~ 10^6$	中等活性或易氧化金属(采用氮气或氩气)	冷速高,粉末粒度较细
3	双级喷嘴雾化法	球形加类球形	20	10^5	中等活性或易氧化金属(采用氮气或氩气)	粉末粒度较细,冷速高
4	气体上喷法	球形加类球形	25	$10^3 ~ 10^4$	中等活性或易氧化金属(采用氮气或氩气)	粉末粒度较细
5	高压气体雾化法	球形加类球形	20	$10^3 ~ 10^4$	中等活性或易氧化金属(采用氮气或氩气)	粉末粒度较细,能耗较大
6	超声雾化法	球形	10 ~ 50	$10^4 ~ 10^5$	中等活性或易氧化金属(采用氮气或氩气)	粉末粒度较细,冷速较高,能耗大
7	高压水雾化法	不规则	75 ~ 200	$10^3 ~ 10^4$	非活性或不易氧化金属	粉末粒度较细,大规模生产,成本低
8	旋转盘雾化法	球形加类球形	25 ~ 80	$10^5 ~ 10^6$	中等活性或易氧化金属	粉末冷速高,可规模生产
9	激光旋转雾化	球形	100	10^5	主要生产 Fe、Ni、Co 基合金粉末	粉末粒度、粒形可控

序号	雾化方法	粉末形状	粉末平均粒径/μm	典型冷却速度/(K·s^{-1})	主要应用	主要优缺点
10	旋转电极雾化	球形	125 ~ 200	$10^2 \sim 10^3$	活性高或极易氧化金属	不能连续生产
11	旋转水法	球形加不规则形	< 50	$10^4 \sim 10^5$	一般金属	可规模生产,粉末较粗
12	熔液提取法	片状	20 ~ 30 厚的薄片	$10^4 \sim 10^5$	一般金属	可规模生产
13	双辊雾化法	粉末、薄片	片厚100	$10^5 \sim 10^6$	中等活性或易氧化金属	冷速高,可规模生产
14	电动力学雾化法	粉末、薄片	0.01 ~ 100	$\leqslant 10^7$	中等活性或易氧化金属	冷速高,细粉末收得率低
15	火花电蚀雾化法	粉末、薄片	0.5 ~ 30	$10^5 \sim 10^6$	中等活性或易氧化金属	粉末粒度不易控制
16	快速旋转罩法	球形加类球形	20 ~ 30	$10^3 \sim 10^4$	一般金属	规模生产有一定困难
17	滚筒雾化法	薄片	片厚100,直径1 ~ 3 mm	$10^4 \sim 10^5$	中等活性或易氧化金属	薄片密度低
18	多级快冷法	球形加类球形	5 ~ 10	$10^5 \sim 10^6$	中等活性或易氧化金属以及一般金属	优点较多

5.1 双流雾化法原理

双流雾化法主要是通过雾化喷嘴产生的高速高压工作介质流体,将熔体流粉碎成很细的液滴,并主要通过对流方式散热而迅速冷凝。工作介质有气体和液体等。熔体的冷却速度取决于工作介质的密度、熔体和工作介质的传热能力及熔滴尺寸。而熔滴尺寸又受熔体的过热温度、熔体流直径、雾化压力和喷嘴形式等雾化参数控制。

冶金还原用喷吹锌粉的生产方法,就是最普通的双流雾化法的一种,即普通气体雾化法,该法是粉末冶金最常用的制粉方法之一。在这种方法中,熔体冷却速度可达 $10^2 \sim 10^3$ K/s,并且能够大规模生产平均粒度50 ~ 100 μm 的各种金属粉末及合金粉末。

普通气体雾化法的喷嘴喷出的气体与导液管流出的金属液体的交汇点离导液管的出口有一定的距离,示意原理如图5－1所示,金属液体首先分裂成粗的液滴,然后是不规则的薄片,最后变成液粒。

近年,在普通气体雾化法基础上发展起来的一种新技术,称紧耦合(close coupled)

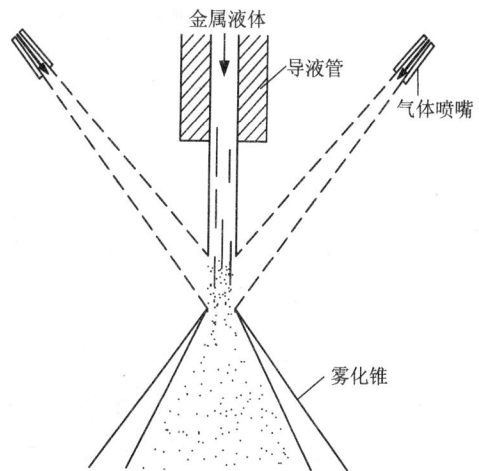

图5－1 普通气体雾化法喷嘴示意图

气体雾化法,将喷嘴与导液管交汇得非常紧凑,高压气体一经离开喷嘴出口就与液滴相撞击，其原理如图 5 - 2 所示。金属熔体被高压气体直接雾化为液粒，紧耦合法中熔体的冷凝速度高达 10^5 K/s 以上，粉末平均粒度小于 50 μm。由于气流与液流较为接近，其气体动能的保持率高。同时，气体动能被液体吸收率更高。

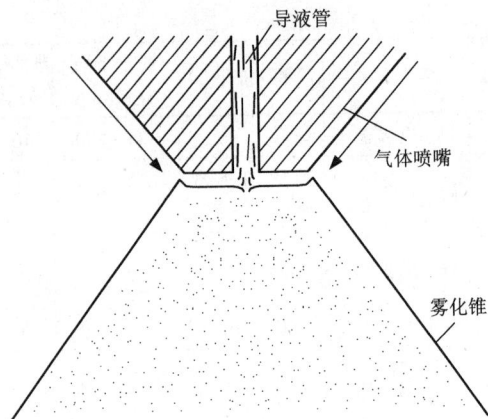

图 5 - 2 紧耦合气体雾化喷嘴原理示意图

紧耦合气体雾化法在早期发展过程中一个最常见的问题是在导液管尖端容易堵塞导致雾化难以连续进行。采用增加熔体过热度的方法只能使问题得到部分解决。因为强烈的高速冷气体流过是导致导液管尖端渐渐冷却的主要原因。通过加热导液管、采用复合喷枪结构和对导液管尖端的几何形状进行改进等方法，以确保导液管尖端接触金属熔体部分的温度不会低于熔体的温度，可以较好地解决这个问题。图 5 - 3 为紧耦合喷嘴的结构示意图。

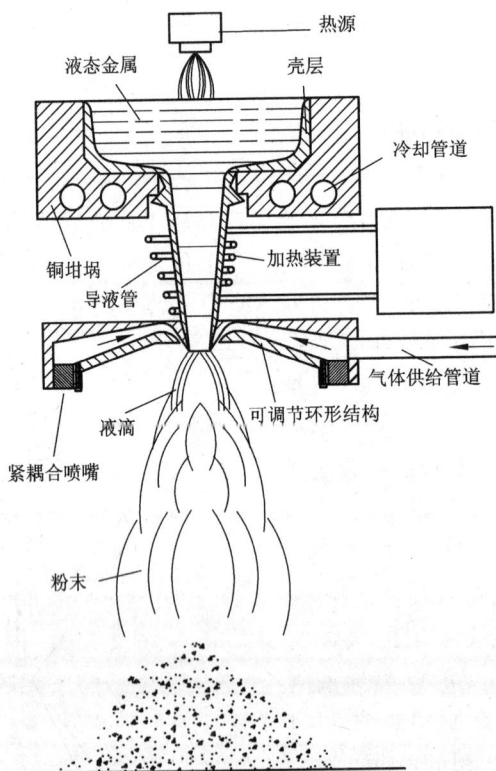

图 5 - 3 紧耦合气体雾化喷嘴结构示意图

常用的紧耦合喷嘴一般都采用紧耦合环缝式、对称式气体喷嘴。还可以使用非轴对称式喷嘴和非轴对称式导液管。非轴对称气体喷嘴法也是制备细粉末的一种方法。一般来说，产生非轴对称气流的方法有很多种，如采用非轴对称形环缝的喷嘴或非等尺寸气体喷嘴的组合，非亚锥形的液流导管端部，非同心轴气流、分隔气流束都能产生非轴对称气流。

紧耦合雾化法采用非轴对称雾化系统后比采用轴对称雾化系统生产的粉末微细得多。其主要原因是雾化液流呈羽毛状伸展，非轴对称雾化法可以减小雾化气体和雾化液流在焦点处的收缩，从而改善导液管出口处液膜的形成。当非轴对称雾化系统能够生成多个羽毛状液流时，细粉末的生产率就会大大提高。

5.2　冶金还原用锌粉的性能要求

在金属里面，单质的金属锌在空气中还比较稳定，并且锌的电负性是比较小的，部分金属元素的电负性比较见表 5-2。

表 5-2　部分金属元素的电负性比较

元素	电负性/V	元素	电负性/V	元素	电负性/V
金	2.54	钼	2.16	钴	1.88
钨	2.36	锑	2.05	铁	1.83
铅	2.33	锗	2.01	铟	1.78
铂	2.28	镍	1.91	镉	1.69
砷	2.18	铜	1.90	锌	1.65

电负性是一组表示原子在分子成键时对电子吸引力的相对数值，电负性综合考虑了电离能和电子亲合能。元素电负性数值越大，原子在形成化学键时对成键电子的吸引力越强，锌原子电负性比较小，因此锌原子对电子的吸引力比大部分重金属都小，这样使得锌的性质也表现得比大部分重金属活泼。因此，在很多重金属湿法冶金中，锌被做成锌粉，来还原其他的重金属离子，获得其他重金属单质。

在锌的湿法冶金中由于锌的标准电位较负，即锌的金属活性较强，能够从硫酸锌溶液中置换除去大部分较正电性的金属杂质，且由于置换反应的产物 Zn^{2+} 进入溶液而不会造成二次污染，所有的湿法炼锌厂都选择锌粉作为置换剂。

金属锌粉被加入到硫酸锌溶液中，便会与较正电性的金属离子如二价铜离子、二价镉离子等发生置换反应。

几种金属的电极反应式及其氧化还原电极电位如下：

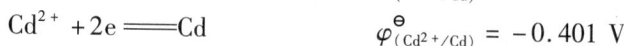

$$Zn^{2+} + 2e = Zn \qquad \varphi^{\ominus}_{(Zn^{2+}/Zn)} = -0.762\ V$$
$$Cu^{2+} + 2e = Cu \qquad \varphi^{\ominus}_{(Cu^{2+}/Cu)} = +0.345\ V$$
$$Cd^{2+} + 2e = Cd \qquad \varphi^{\ominus}_{(Cd^{2+}/Cd)} = -0.401\ V$$

反应方程式如下：

$$Zn + Cu^{2+} = Zn^{2+} + Cu \downarrow$$
$$Zn + Cd^{2+} = Zn^{2+} + Cd \downarrow$$

置换除铜、镉应当选用含锌量高的锌粉，既可以避免带入新的杂质，又可以降低锌粉的消耗。由于置换反应是液相与固相之间的反应，反应速度主要取决于锌粉的比表面积，锌粉的表面积越大，溶液中杂质成分与金属锌粉接触的机会就越多，反应速度越快。但是，如果反应槽内搅拌效果不好，过细的锌粉容易漂浮在溶液表面上，也不利于置换反应的进行。采用流态化除铜、镉槽，锌粉粒度一般要求在 0.149 ~ 0.125 mm 之间，否则过细的锌粉将直接进入溢流沟，无法参与反应。细锌粉容易氧化，储存时间不易过长。随着机械搅拌技术的发展，搅拌效果越来越好，效率越来越高，细锌粉反应速度越来越快，利用效率高的优势越来越明显。

在锌的湿法冶金过程中，锌粉消耗主要是置换钴、镍。

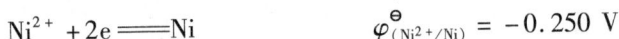

$$Co^{2+} + 2e = Co \qquad \varphi^{\ominus}_{(Co^{2+}/Co)} = -0.277 \text{ V}$$
$$Ni^{2+} + 2e = Ni \qquad \varphi^{\ominus}_{(Ni^{2+}/Ni)} = -0.250 \text{ V}$$

锌粉置换反应方程式如下：

$$Zn + Co^{2+} = Zn^{2+} + Co \downarrow$$
$$Zn + Ni^{2+} = Zn^{2+} + Ni \downarrow$$

由于钴析出超电压较大，氢的超电压又较低，故需在净化除钴时添加活化剂才能达到除钴的目的。例如，添加锑盐、砷盐等。这样，用合金锌粉代替纯锌粉和活化剂来进行除钴，可以达到更好的效果。一方面生产合金锌粉时，加入熔点比锌低的金属（如铅），使得生产的锌粉粒度更细；另一方面，合金锌粉中锌与其他金属有接触面，同样粒度的锌粉，表面积更大，使得反应速度更快，锌粉利用率也高。常见的合金锌粉有含 0.01% ~ 0.25% 锑或 0.8% ~ 5% 铅，或者锑、铅两者都含有的锌粉。

在镉的湿法冶金中，镉一般用硫酸浸出，制作成硫酸镉溶液，然后用适量的锌粉置换出海绵镉。海绵镉经过压团、熔炼后再制作镉成品。置换硫酸镉的锌粉要求金属锌含量大于96%，锌粉粒度要在 0.246 ~ 0.121 mm 之间，过粗的锌粉表面积小，反应速度慢，反应也不完全。过细的锌粉容易漂浮在液体表面，与置换出的海绵镉混在一起，造成消耗高，镉品质差，甚至压不成团。

黄金的湿法冶金也使用锌粉从含金的氯水溶液中置换单质金属金。

5.3 工艺流程

喷吹锌粉工艺流程分为熔化喷粉系统和供风系统。

喷吹锌粉工艺熔锌炉有反射炉和工频感应电炉两种。反射炉熔化工艺流程就是用锌锭、阴极锌或碎锌加到反射炉内，用煤气、重油或煤加热熔化。锌液放到保温池内，在特制的喷枪内安装石英玻璃导管，用高压风把锌液虹吸出来，再用高压风进行破碎，在沉降仓中冷却。通过收尘斗和布袋把锌粉收集起来，然后筛分出合格锌粉。因为高压风中含有水和油，因此高压风进入喷枪前，必须进行干燥和除油。燃烧烟气含有少量氧化锌，必须进行收尘才能排空。反射炉熔化喷吹锌粉的工艺流程如图 5 - 4 所示。

工频感应电炉吹制锌粉工艺是以析出锌片等金属锌为原料，采用有芯工频感应炉熔化，将温度升至 550℃ 左右，用压缩空气虹吸吹粉，锌粉经沉降仓、低压脉冲布袋收尘器收集锌粉。沉降仓的锌粉采用锌粉桶运至旋振筛进行筛分，粗粉返回电炉，产出 0.246 ~ 0.104 mm

锌锭、阴极锌、碎块锌

煤气 → 反射炉 → 燃烧废气

↓ 锌液

收尘

↓

烟囱

↓

排空

保温池

↓ 锌液

高压空气 → 喷枪

↓

沉降室

锌粉

电动输送机

↓

提升机

↓

溜子

↓

振动筛

筛上物返炉   合格锌粉

带细粒锌粉空气

布袋收尘

锌粉   风机 → 烟囱

余气排空

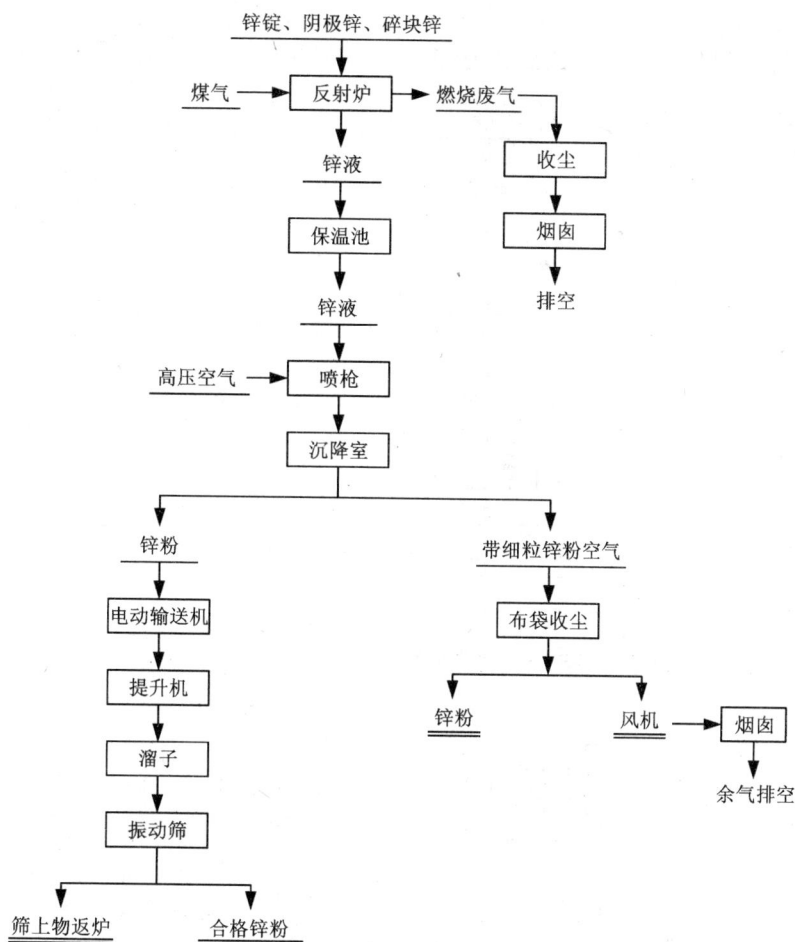

图 5 - 4　反射炉熔化喷吹锌粉的工艺流程

细锌粉，为合格产品。布袋粉为 0.074 mm 左右的细粉，直接使用。电炉熔化喷吹锌粉工艺流程图如图 5 - 5 所示。

5.4　主要设备

　　喷吹锌粉的主要设备有熔化炉、沉降仓、喷枪、布袋收尘器、锌粉筛分机、锌粉输送机、空压机、汽水分离器等。熔化炉有反射炉和工频感应电炉两种，沉降仓有钢结构和混凝土结构两种。某厂反射炉喷吹锌粉设备连接如图 5 - 6 所示。

5.4.1　反射炉

　　反射炉由炉基、炉体、烟道、加料口、扒渣口、放锌口及附属设备组成。结构简单，操作方便，对原料燃料适应性强，建设总投资少。锌液熔池外包铁壳，内部由矾土混凝土捣制而成。炉墙由耐火黏土砖砌成，炉顶系双层炉拱，上层由耐火黏土板砖构成，下层由高铝板砖砌筑。建设周期短，几个月就可以建成投产，炉体寿命长，工艺流程短，生产成本低，技术操

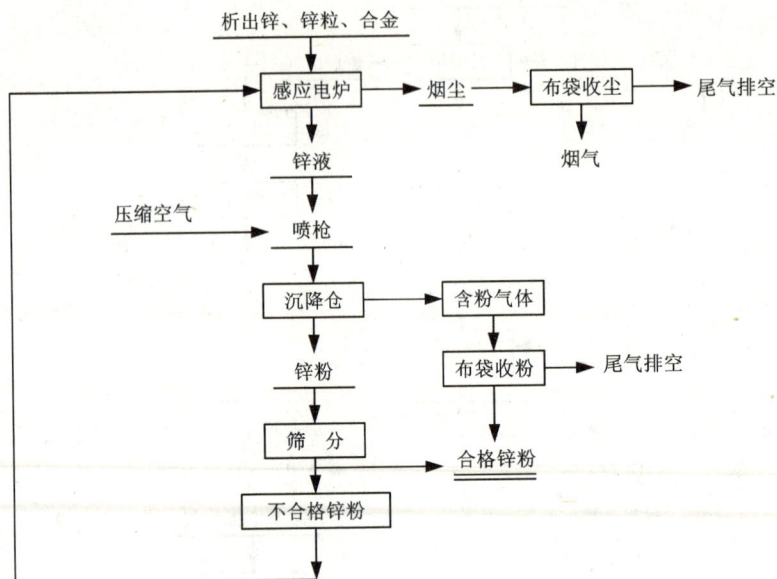

图 5-5 电炉熔化喷吹锌粉工艺流程

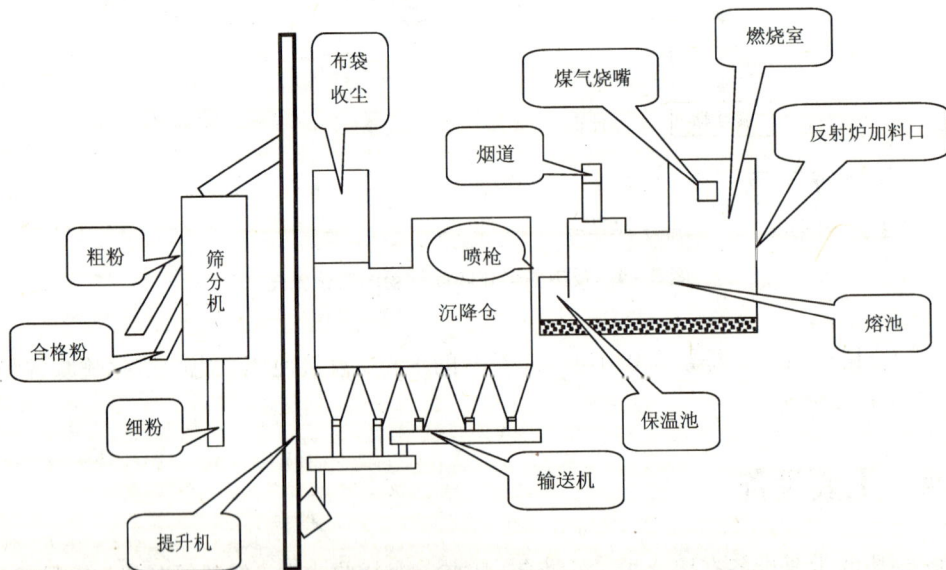

图 5-6 反射炉喷吹锌粉设备连接图

作条件容易控制,所以广泛被采用。一般计算反射炉面积 F 时使用如下公式

$$F = Q/(q \cdot \eta)$$

式中:q 为反射炉床能率,q 取 2.3~2.7 t/(m²·d);Q 为需要的锌粉年产量;η 为锌粉直接回收率,取 96%。

例如某厂采用熔锌反射炉生产锌粉,年产能需要量 6000 t,设锌粉直接回收率 96%,床能率取 2.5 t/(m²·d),年工作日 330 天。则需要反射炉面积为

$$F = Q/(q \cdot \eta) = 6000 \div 330 \div (2.5 \times 96\%) = 7.6(\text{m}^2)$$

反射炉炉底厚度一般为 400 mm，炉墙厚度 340 mm，炉底坡度 1%，熔化室与保温室之间由 400 mm × 400 mm 的虹吸孔连通，锌液面以下炉体外壳有钢板维护，钢板外有工字钢护架。

反射炉根据使用的燃料种类不同，分为燃气、重油和煤三种炉型。6 m² 反射炉平面结构如图 5 - 7 所示。

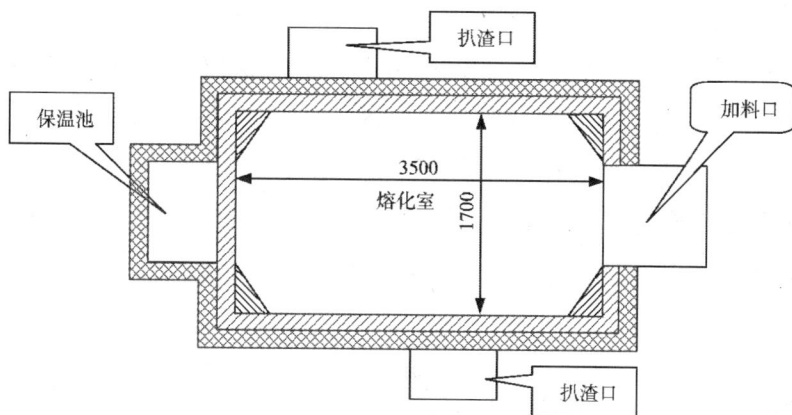

图 5 - 7　6 m² 反射炉平面结构

5.4.2　工频感应电炉

工频有芯感应电炉是通过电磁感应，使炉料本身发热，从而达到炉料熔化及保温的目的。感应器相当于一个带铁芯的变压器，熔沟内金属相当于两匝次级线圈，感应线圈相当于一次线圈，当给一次线圈通电时，熔沟内金属锌发热、熔化，然后通过传导、对流等把热量传递给炉膛内固态锌片、锌粒，将温度升高至 550 ~ 600℃，从而使熔池内金属锌不断被熔化、加热。某厂工频感应电炉参数如表 5 - 3 所示。

表 5 - 3　工频感应电炉参数

序号	参数名称		单 位	数 据
1	电炉功率		kW	600
2	熔化能力		t/h	4 ~ 5
3	电炉容量		t	25
4	炉型	熔池深度	mm	1100
		外形尺寸	mm × mm	3400 × 2300
5	工作参数	供电电压	V	380
		吹粉工作温度	℃	550 ~ 600
		熔化温度	℃	450 ~ 480
6	设备质量		t	约 80

与反射炉比较，工频感应电炉熔化原料有以下优点：热源比较容易获得；产生的燃烧烟气量很小，环境友好；热利用率高，由于避免了反射炉的火焰直接加热和热辐射加热，锌的造渣率要小些。

最重要的是，工频感应电炉的加热过程，是通过电磁转换传递热能的过程，伴随着较强烈的熔体流动，搅拌效果良好，对合金锌粉生产中合金元素均匀化非常有利。

5.4.3 沉降仓

喷吹锌粉冷却和收集锌粉主要在沉降仓，占产出锌粉量的80%~90%，沉降仓一般为A_3钢板结构，上部为长方行箱体，下部为锥形漏斗，一般长9~12 m，宽2~3 m，高3~5 m，锥体高约2 m。锥体下部与输送机相接，长方形箱体后部与收尘布袋相连。

5.4.4 布袋收尘器

布袋收尘器是实现沉降仓内含锌粉炉气的固、气分离和收集的常用设备，不同厂家按照清理锌粉的方式、清理周期、沉降仓的大小、喷吹锌液温度、沉降仓的漏风情况等的不同，设计的收尘器技术参数不同。但是各种收尘器必须达到沉降仓喷吹入口形成微负压的目的。不同厂家布袋收粉器技术性能如表5-4所示。

表5-4　不同厂家布袋收尘器的性能

序号	参数名称	单位	厂家1	厂家2	厂家3
1	年产能	万t	0.3	1.5	0.35
2	布袋面积	m²	480	528	158
3	布袋材质		涤纶针刺毯	涤纶针刺毯	涤纶208
4	处理风量	m³/h	20000~23000	8000~10000	6000~8000
5	过滤风速	m³/(m²·min)	0.6~0.8	0.35~0.45	0.14~0.15
6	除尘方式		脉冲	电机振动	脉冲
7	喷吹压力	MPa	0.3~0.4		0.15~0.2

5.4.5 锌粉筛分机

锌粉的筛分机有直线振动筛和旋振筛两种。旋振筛设备轻巧，维修方便；直线振动筛由于需要经常更换筛网，维修时首先要取开密封罩，然后取下筛床，更换筛网，操作极为不便。此外，筛网的磨损无法观察判断确定，致使锌粉分级品质差。目前普遍使用的是ZSX-10旋振筛，筛网根据需要选取，湿法炼锌选择0.25 mm和0.147 mm就可以满足需要。某厂使用的旋振筛基本技术性能如表5-5。

表 5 – 5　旋振筛基本技术性能

序号	参数名称	单位	数据
1	规格尺寸	m	$\phi 1.5$
2	变频调速电机	kW	4
3	筛层数	层	2
4	筛子孔径	目	60、120
5	设备质量	kg	800

5.4.6　离心风机

布袋收尘器的负压主要由离心风机形成,离心风机的选取要根据沉降仓的漏风量和锌粉产能确定,该设备与吹粉布袋收粉器配套。不同厂家离心风机基本技术性能见表 5 – 6。

表 5 – 6　不同厂家离心风机基本技术性能

序号	参数名称	单位	厂家 1	厂家 2
1	型号		Y4 – 68NO.9D	9 – 19 – 11NO.9D
2	风量	m^3/h	22600	10172
3	风压	Pa	1952	4470
4	电机功率	kW	22	22

5.4.7　喷枪

喷枪是喷吹锌粉的关键设备,它决定着喷吹锌粉的产能和粒度。喷枪由特殊钢精密加工而成,喷枪的中间管路是石英玻璃管通道,外部是高压风通道,高压风在喷枪头部经过三个风道形成虹吸风、一次破碎风和二次破碎风,并在石英玻璃管出口汇集,不仅把锌液虹吸出来,同时进行破碎成粉,送到沉降仓内进行冷却、收集。

5.4.8　锌粉输送机

可供选择的锌粉输送设备有:ZSP 震动水平输送机;电磁振动输送机规格型号 DZS – 800/25,规格 6 m×0.3 m×0.4 m,最大振动力 10000 N;DZ$_3$ 型电磁振动器,斗式提升机螺旋输送机等。

5.4.9　空压机

空压机是提供喷吹高压风的设备,锌粉制造要求保持稳定的风压和风量,因此,宜设置专用空气压缩机,空气消耗量按经验值,虹吸法 0.7 ~ 1.0 m^3/kg(锌粉),到达喷嘴的压力 0.62 ~ 0.72 MPa。例如某厂选取的空压机为 4L – 20/8 空压机型,电机功率 135 kW。

压缩空气首先经过除油,然后干燥脱水,最后经储气包稳压后送出。各厂家采用的除油

脱水工艺不尽相同, 工艺如下:

工艺1: 空气压缩机→高压风→高效除油器→储气包→干燥器→储气包→喷枪

工艺2: 空气压缩机→高压风→减压风包→汽水分离器→喷枪(石英玻璃管)

储气包和汽水分离器规格一般选取 $\phi1.5\,m\times5\,m$, 必须经过压力测试后才能使用。某厂的汽水分离器结构如图5-8, 在北方汽缸外必须加蒸气保温。

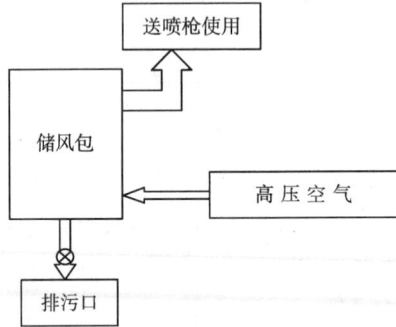

图5-8 汽水分离器结构示意图

5.5 关键操作

5.5.1 反射炉升、降温操作

新炉开炉首先要烘炉干燥。确认反射炉燃气烧嘴完好畅通。燃气管道清洁, 燃气闸门开关正常, 不堵不漏, 压力表、温度表完好, 燃气压力大于1000 Pa。拉开废气挡板10~20 min, 排净炉内废气, 然后点焰燃气, 先明火, 后开燃气, 开燃气正常后按工艺给炉子升温。

新筑好的反射炉经过1~2周的自然干燥, 然后在炉内燃烧木柴, 使木柴和燃气混合燃烧, 防止燃气放炮。按升温曲线: 每小时5℃升温; 160℃时恒温24 h, 320℃恒温24 h, 600℃时恒温24 h; 炉膛温度达到740℃可以加料。

在升温过程中炉子各部温度均匀, 以免炉衬受热不均匀而胀裂, 如果温度指标超过计划指标可恒温, 不允许用降温方法来达计划指标。炉温达到550~600℃时, 开始加料并继续升温到技术指标要求。

停炉降温每小时10℃, 炉膛温度小于600℃时, 将进口燃气阀门及废气挡板关死, 将炉体各部门封闭, 自然降温。

5.5.2 反射炉司炉操作

司炉负责炉温的调整。

(1)操作条件

①反射炉燃烧室温度650~850℃, 燃气着火温度650℃, 燃烧完全, 没有残余的燃气。

②出锌池锌液温度520~570℃。

③空气压力0.62~0.72 MPa。

④燃气压力≥1000 Pa。

液体锌温度要精确控制：液体锌温度控制在 520~570℃，可以保证锌粉中 -0.121 mm 产出率达到 70% 以上。温度越高，锌粉粒度越细；温度低于 520℃，粒度明显变粗，直至锌液在喷枪内凝固，生产无法进行。温度高于 570℃，锌粉更细，但锌粉沉降室温度急剧上升，易引起爆炸。

经常注意炉温变化控制锌液温度在 520~570℃ 之间。经常检查和观察炉况，防止炉结氧化和炉温过高或过低。反射炉司炉操作中不准炉温忽高忽低；要定期清理炉壁上的废渣，一般周期为 7~14 天，每次 3~8 h。

炉膛温度 600~650℃，高于锌熔点温度（419℃），液体锌流动性好，便于加料。

（2）特殊操作

①燃气掉闸。关闭燃气阀门，封闭炉门，后关废气挡板及加料口，扒渣口，空气入口，视燃气掉闸时间和锌液温度，采取木材或油保温措施。开燃气先使炉内形成负压，也就是先拉开废气挡板 10~20 min。排净炉内废气，然后先明火后慢慢开燃气。

②通燃气烧嘴操作，先关闭燃气阀门，5 min 后，上操作平台，侧身站在烧嘴前，拔出木塞用钎子插入烧嘴通开后立即塞上木塞，并敲紧防止漏气。

5.5.3　工频感应电炉司炉操作

（1）新炉开炉

新炉感应器对接完以后，清除炉膛及感应器喉口部分拆模时留下的筑炉料、对接残存物，堵塞各放锌孔，装上热电偶及扒渣门，在炉膛底部铺 5 t 左右小锌锭，设两支燃气管或喷油管从扒渣门插入炉膛内。

①对自然干燥好的炉体进行小火烘烤 10~15 天，然后用燃气、柴油、焦炭或重油等燃料将炉底锌全部熔化。在此过程中，注意清除锌渣，不能让锌渣流入熔沟口，以免堵塞熔沟。

②吊开炉盖，利用特制的工具从底锌中舀出干净的锌水注满熔沟，同时给该感应器送电（150 V）并测量电气参数。当该感应器电气参数稳定后，再将另一感应器熔沟注满并送电（150 V），同时测量电气参数。

③从熔锌炉（熔锌炉单独砌筑作为升温时使用）内取 5~10 t 锌液用锌包倒入整个锌池内，直到将感应器喉口淹没 200 mm 左右。

④继续加大火焰，将炉内温度提高，同时检查电气情况，正常后可将感应器电压档提至 180 V 档。

⑤待炉内锌液温度上升后，可陆续往炉膛内加锌液或阴极锌（小锌锭），慢慢将锌液面升高，两天后将炉温提高至 550℃，锌池内锌液加到正常出锌液面。

⑥测试电炉各功率选择挡位的电气参数，同时调节系统平衡。

（2）电炉正常操作

①合上电源总闸，切入操作台电源，启动风机，各感应器投入运行。

②调压器挡位分为 150 V、180 V、220 V、380 V、460 V、500 V 六个，保温时采用低挡位，随生产负荷增大采用挡位。

③注意炉温变化。与各岗位联系好，加料温度控制在 550~600℃，当温度低于 460℃ 时严禁加料。停止加料即将感应器投到 150 V 保温。加料时投 180 V 或 220 V 过渡，30 min 后方可投 380 V 挡正常生产。

④当调压器切换到高挡位时，需调整三相平衡。切换到低挡位时，必须切断平衡电容、平衡电抗、补偿电容。

⑤每小时巡检各仪表、感应器工作状态，并记录炉温、感应器风温（≤60℃）及各项电流值。

（3）特殊操作

①计划停电。短时停电（2 h 以内），炉温升至570℃，并用燃气、柴油、焦炭或重油火保温。点动各感应器切除按钮，使感应器退出工作状态。切除操作台电源，拉下总闸。

②突然停电。突然停电后，司炉工立即将各感应器的电源空开切断，通知加料工停止加料操作，准备好燃气、柴油、焦炭或重油火喷嘴，视停电时间长短判断是否加热进行保温。

③送电。关闭外部加热源，合上总闸，再合上操作台电源，启动风机，各感应器投入运行。

④送电要求。停电时间在 30 min 以内，熔池表面没有冻结，来电后可立即给感应器送电。停电在1 h 以内，如果发现熔池表面有局部冻结，可用低功率挡给感应器送电，逐步加大至正常生产。停电时间在 2 h 以上，接通知后应将炉温升至570℃。停电后用其他燃料进行保温，使炉温不得低于430℃。长期停电，应将感应器换入低功率挡位，将高位放锌口打开放锌至熔沟喉口，然后整个电器系统停电，将感应器线圈铁芯吊出，再将熔池内锌液放空。

5.5.4　加料操作

将原料按量加入炉内，保证炉内锌液面的正常高度。喷枪口距液体锌液面的距离是十分重要的参数，控制在 50 ~ 110 mm，距离越大，锌粉粒度越细，相应的产量越少。距离越小，锌粉粒度越粗，产量越大，此范围内 -0.121 mm 占70%以上。距离等于 110 mm，-0.074 mm 可以达到90%以上。距离大于 110 mm，锌粉粒度更细，但产量降低。距离小于 50 mm，锌粉粒度明显变粗，绝大部分在 0.175 mm 以上。

加料前应该确认原料中无水、冰或其他杂物。如果料中有水或冰块应在加料口烘干后加入。将干燥的阴极锌吊至加料平台上，电炉加阴极锌时炉温不得低于470℃。要及时清除锌片垛上的杂物。每次加料厚度10 ~ 20 cm，阴极锌要分批分次往加料斗内加入，分多次加入炉内。电炉加锌锭时要远离感应器熔沟，防止凝沟。加料结束后浮渣面距扒渣口上沿不小于5 cm。加料完毕后，应立即关闭炉门。

码锌片时，锌片前后，左右错牙最大不得超过20 mm，高度不得超过1100 mm，码好的锌片要正对加料口。吊料时，两根绳扣套入锌片深度不得小于250 mm，两端套入的深度要均匀。加料速度要均匀，少加、勤加，保证出锌池液面保持在低于出锌池口（80 ± 20）mm。锌液面在正常范围内。不要使含水、酸液或冰块的锌加入炉内，以免引起锌液放炮，喷溅锌液伤人。

生产合金锌粉时，应把合金元素与阴极锌片按比例同时均匀加入电炉。

5.5.5　喷粉操作

喷粉的操作条件为：

①空气压力 0.62 ~ 0.72 MPa。

②空气消耗量 800 ~ 1000 m³/t（锌粉）。

首先，开空压机、输送机、排风机、打开汽水分离器放水阀门，把水放净。

其次，换喷嘴工具完好无缺。确保高压风管及阀门准备就绪，喷枪固定在喷枪架上，连接并紧固好高压风管。高压风管及各连接处牢固可靠后，缓慢地把风阀开到位。

第三，停车先关闭风阀门，确认无风后，再松开风管及紧固螺丝卸下喷枪，通知有关人员停空压机、排风机、输送机。卸下的喷枪倒净石英管内锌液，把石英管拿回操作室，处理好喷嘴待下次再用。

经常检查喷枪喷吹状态，观察沉降室内温度变化情况。如果喷嘴堵塞，应立即停止送风进行更换，换好后，立即喷粉。

5.5.6　喷嘴的安装

输液管突出喷枪长度越长，锌粉颗粒越粗。随着输液管突出长度的增加，雾化气体达到熔融金属的距离越长，因此能量损失越大，一般控制 3～6 mm。

喷枪口距液体锌液面的距离控制在 50～110 mm，距离越大，锌粉粒度越细，相应的产量越小；距离越小，锌粉粒度越粗，产量越大。

5.5.7　风压控制

空压机要严格控制风压。作业现场风压必须保持在 0.62～0.72 MPa。在空气压缩机型号确定后，风压在额定最高排出压力下波动，受许多因素的影响，控制不好，极易出现风压偏低的情况。风压低，虹吸需要的负压不足，锌液吸不到喷枪口，喷枪容易堵塞，造成凝固堵管严重制约生产。

5.5.8　扒渣操作

锌液面上的浮渣保持在 10～20 mm。视炉内浮渣厚薄，浮渣超过高度必须扒出，扒渣前应当先加入氯化铵化渣。

锌浮渣主要是氧化锌，氧化锌的熔点高达 1975℃，混在液体锌中，使液体锌因含氧化锌黏度增加，和氧化锌很难分离开。加入氯化铵后生成部分氯化锌，氯化锌熔点小于 400℃，比液体锌的熔点还低，使液体锌流动性增加，氯化锌密度 2.91 g/cm³，比液体锌轻，漂浮在液体锌表面上，使氧化锌很容易与液体锌分离。反应方程式

$$2NH_4Cl + ZnO \Longrightarrow ZnCl_2 + 2NH_3\uparrow + H_2O\uparrow$$

加入氯化铵时，大块氯化铵要砸碎，氯化氨单耗≤1.5 kg/t(锌粉)，均匀的撒在炉内，用耙子搅拌至熔池表面无团块，渣子变成疏松状，方可扒出。扒渣时炉子要保证在负压条件下操作。电炉扒渣温度不低于 550℃。扒渣动作要慢，渣子扒至炉口平台上要停止 5～10 min，待明锌流回炉内方可装车运走。

扒渣完毕，及时封闭扒渣门以防锌液被氧化。用渣车将渣推至渣场指定位置，待扒出的渣凉后，捡出明锌，明锌及时回收返炉。经常检查和观察炉况，防止结壳和炉温过高。

5.5.9　锌粉输送操作

更换锌粉运输槽，确保输送机及负压系统正常运转。严禁吸烟及明火，禁止用铁制工具敲打沉降室。

确保各电机内油量充足，电器周围无障碍物，各点螺丝紧固无松动。试车确认各电器正

常运转。

喷粉结束后，先停排风机，待从布袋中落下的锌粉被全部输送到运输槽中，停输送机。

经常检查输送机、排风机的运转情况看有无异常现象，听转动有无异常声音，闻有无异常气味，摸电机是否过热。检查负压系统各温度、负压点是否正常。定期开振打器，保证布袋正常工作，沉降室入口处（喷枪处）确保存在微负压。处理负压系统及各电器故障要停车。如布袋泄漏，应停车及时更换，保证负压系统正常。

5.5.10 特殊情况处理

（1）锌液温度达不到指标

当出现熔锌池温度已达标，且渣层较薄时，应及时清扫锌池内锌液面上的氧化物；熔锌池温度已达标，且渣层较薄，出锌池温度仍很低，应检查热电偶、仪表有无损坏；反射炉应当检查燃气压力，正常时大于 1000 Pa。燃气压力小于 200 Pa，要关闭燃气阀门，用木柴保温。电炉应当检查送电挡位。

（2）沉降室侧壁周期性结瘤

喷吹成型主要由熔融金属的气体雾化、雾化熔滴的沉积等连续过程组成。熔融金属经导流管流出，被雾化喷嘴出口的高速气流破碎，雾化为细小弥散的熔滴射流。雾化熔滴射流在高速气流动量作用下加速，并与气流进行强烈的热交换。到达沉积表面以前，小于某一临界尺寸的熔滴凝固成为固体颗粒，较大尺寸的可能仍为液态，而中间尺寸的熔滴则为含有一定比例液相的半凝固颗粒。这些大大小小凝固程度不同的熔滴，以高速撞击沉积表面，随之在沉积表面附着、铺展、堆积、熔合形成一个薄的半液态层后顺序凝固结晶，逐步沉积生长成为一个大块致密的金属体（沉积坯）。熔滴与喷吹的温差太大，金属液破碎后，在进入锌粉沉降室的过程中还没有凝固下来，细小的金属液滴在沉降室内碰撞而黏结在一起，使粒度又重新变大。同时，这些细小的液滴遇到冷物体（沉降室壁等）急骤冷却，黏在冷物体上，形成金属凝固物，这就是生产中锌粉沉降室侧壁周期性结瘤的成因。

生产中必须使细尘快速到达布袋区，设计时要尽可能增大收尘面积，增加收尘能力，沉降仓内形成负压，尽量降低沉降室内细粒粉尘的弥散浓度。实际生产中，操作上应强化布袋收尘器的使用效果，定期清灰，定期更换布袋，确保布袋收尘器处于良好的运行状态。定期清理沉降仓内锌粉，保持沉降仓良好的散热效果，减少液体锌的聚集。

（3）反射炉炉内正压，温度上不去的原因

①炉门关不严，进冷空气多，燃气给不进去。

②废气过道堵死。

③废气拉板开得小或堵死。

④燃气量太大，燃烧不完全。

⑤炉膛内锌渣多，燃气火焰接触不到锌液。

⑥固体锌加得过快过多。

5.6 主要技术经济指标及控制

吹制锌粉主要控制的指标有：锌粉直产率 >95%，锌粉回收率 ≥98%，以及较低的能源消耗。

5.6.1　锌粉直产率

各厂家吹制锌粉主要技术指标见表 5 - 7。

表 5 - 7　主要技术指标

项　目	厂家 1	厂家 2	厂家 3
熔锌炉炉型	反射炉	反射炉	电炉
生产能力/(t·d⁻¹)	12 ~ 14		9.1
熔锌炉锌液温度/℃	550 ~ 800	600 ~ 850	550 ~ 600
保温锅锌液温度/℃	500 ~ 550	520 ~ 570	460 ~ 520
空气压力/MPa	0.6 ~ 0.65	0.62 ~ 0.72	0.60 ~ 0.70
空气消耗量/(m³·kg⁻¹)	0.7 ~ 1.0	0.8 ~ 1.0	4.1
煤气消耗量/[m³·t⁻¹(锌粉)]	(600 ~ 1000)	焦炭(250 ~ 400)	150
锌粉直产率/%	93	95	95
锌粉回收率/%	98	98	98
氯化铵单耗/[kg·t⁻¹(锌粉)]	1.2	1.2	1.3
锌粉粒度/mm	- 0.147 mm 筛余物≤10%	- 0.125 mm、筛余物≤30%, - 0.180 mm 为 100%	- 0.175 mm 筛余物 ≤1%

锌粉直产率表示入炉锌直接产出锌粉的比率,计算公式为

$$锌粉直产率 = 锌粉锌量 ÷ 入炉锌量 × 100\%$$

锌在熔锌炉内熔化过程中,有部分锌氧化形成浮渣,也有一部分飞扬损失,造成直产率的降低。为了减少浮渣量和便于浮渣与锌液分离,熔锌时须加入固体氯化铵作造渣剂和覆盖剂,氯化铵消耗一般在 1 ~ 1.5 kg/t。提高锌粉直产率,生产过程控制的方法有:①降低浮渣含锌量;②炉温不易过高,避免氧化;③渣中明锌必须捡出,返回炉内;④避免飞扬损失;⑤操作中尽量少开炉门;⑥使用适量的氯化铵。

锌直收率电炉在 93% ~ 95%,反射炉在 85% ~ 93%。

5.6.2　锌粉回收率

锌粉回收率是影响锌粉加工费的主要指标,提高回收率,必须回收熔锌炉的烟气含尘和减少锌粉的飞扬损失。熔锌炉在操作过程中产生含氧化锌尘的烟气,为了防止粉尘危害和锌量损失,必须设有收尘设备回收氧化锌烟尘。通常喷吹锌粉的回收率控制在 98% 以上。

5.6.3　能耗

炉床能力,反射炉一般在 2.3 ~ 2.7 t/(m²·d),电炉在 22 ~ 26 t/(m²·d)。炉床能力高能耗就低,电炉电耗一般小于 150 kW·h/t(锌粉),反射炉中块煤消耗通常在 250 ~ 400 kg/t(锌

粉），炉床能力根据使用的燃料品种和品质好坏，差别很大。电炉的热利用率比反射炉高 2 ~
3 倍，反射炉使用气体或液体燃料热利用率比固体燃料高。

5.7　产品品质及控制

锌粉品质分为化学成分和物理品质，化学成分主要控制铁、镉等元素，合金锌粉还要控
制所要求的添加元素的成分范围；物理品质主要控制粒度。锌粉国家标准 GB/T 6890—2000
规定的化学成分见表 1 - 4 所示，粒度要求如表 1 - 5 所示。

锌粉的化学成分主要控制原料的品质。决定锌粉粒度的主要因素是喷枪，在喷枪结构固
定的情况下，生产过程中，锌粉粒度控制的措施包括：

①在相同温度下，喷吹压力增大，锌粉颗粒变细。

②锌液温度越高，锌粉颗粒越细。温度越高，锌液黏度越小，越易破碎，粉末呈现越细
的趋势。但温度过高，一方面直产率降低，能耗增高；另一方面沉降仓冷却能力不足，容易
形成积瘤。沉降仓温度过高也容易形成安全隐患。通常喷吹温度控制在 570℃ 以内，沉降仓
表面温度小于 60℃ 。

③在相同的喷吹压力下，质量流速越大，熔融金属越难破碎，颗粒越粗。输液管内径越
大，熔融金属质量流速越大，所需的雾化的能量越大，颗粒越粗。

④输液管突出喷枪长度越长，锌粉颗粒越粗。随着输液管突出长度的增加，喷吹气体达
到熔融金属的距离越长，因此能量损失越大，一般控制 3 ~ 6 mm 。

⑤喷枪口距锌液面的距离，是十分重要的参数，通常控制在 50 ~ 110 mm ，距离越大，锌
粉粒度越细，相应的产量越小；距离越小，锌粉粒度越粗，产量越大。

⑥喷吹压力影响最大，输液管内径影响较大，输液管突出长度影响较小，液锌的温度影
响最小。在生产一定颗粒大小的锌粉时，最关键的是选择适当的喷吹压力、输液管内径和喷
嘴突出长度。

⑦生产锌粉的原料要求含铝小于 0.05% ，含铁小于 0.1% 。铝、铁升高不仅造成锌粉粒
度变粗，而且化学品质也变差。在冶金还原使用时，还有副作用。

⑧生产小于 1.5% 的含铅锌粉，在熔池内按配比加入铅锭，与锌原料一起熔化形成合金
液做为喷吹原料，按正常条件，锌粉会很细，原因是熔点低于原来使用的锌原料，熔点与喷
吹温差大，有利于锌粉的细化。

5.8　各种锌粉在冶金还原应用实践中的对比

冶金还原使用的锌粉主要是锌与其他金属离子的置换，按照原理，液体中的杂质与金属
锌接触的表面积越大，反应速度越快。锌粉越细，表面积越大，置换反应越彻底，越省锌粉。
由此可以得出锌粉粒度越细，在冶金还原应用中的使用效果应该越好。但实际生产中，受各
种条件的影响，尤其冶金还原过程许多是可逆的，要求锌粉不能全部参与反应，必须有过剩
量，例如湿法炼锌净化除镉要求锌粉是理论量的 2 ~ 3 倍。冶金还原的金属元素不同，要求的
锌粉品质差别也很大。

湿法炼锌使用沸腾槽除铜、镉要求锌粉粒度为 0.175 ~ 0.121 mm ，粒度细反应迅速彻底，

但过细会飘浮在溶液表面，使锌粉加不进去而影响还原效果。含金属锌大于98%，虹吸喷吹锌粉完全适合，生产中反应速度不仅快，消耗也低。实际生产中锌粉消耗量可以降低到比理论量过剩1/3。而使用其他锌粉达不到喷吹锌粉的效果。使用机械搅拌槽作为反应器来进行除硫酸锌溶液中的铜和镉，对同样品质的锌粉，某厂生产中进行了对比，喷吹锌粉的使用量和反应效果都比蒸馏锌粉好，尤其在镉生产过程中，置换硫酸镉中的镉，生产海绵镉，0.246~0.121 mm 的喷吹锌粉效果最好。

随着机械搅拌技术的发展，搅拌能力越来越强，细锌粉还原某些元素的优势逐渐显现出来。例如某厂使用0.121 mm 的喷吹锌粉在湿法炼锌锑盐除钴工艺中进行实验，硫酸锌溶液含钴 15~25 mg/L，使用喷吹锌粉时锌粉的使用量为除钴理论量的135倍，钴被除到0.6 mg/L，而使用0.121 mm 的蒸馏锌粉除钴时锌粉使用量仅为除钴理论量的80倍就可以把钴除到0.6 mg/L 以下。

因此，在湿法炼锌的生产中，铜、镉的置换反应，使用喷吹锌粉效果比蒸馏锌粉好，脱除硫酸锌溶液中的钴、镍，使用比较细的蒸馏锌粉消耗低、效果好。

5.9　技术发展方向

随着冶金技术的发展和追求成本的最低化，冶金用的锌粉要求单耗越来越低，生产锌粉的成本要求越来越少，虹吸喷吹锌粉为适应市场的需求主要向三方面发展：

（1）粒度越来越细

在研究喷嘴结构的基础上，经过改造风道，-0.043 mm 锌粉产出量可以达到90%以上，-0.038 mm 锌粉产出量可以达到70%以上。

（2）电炉取代反射炉

因为反射炉熔化的直产率比电炉低，加上很多地方没有燃气和焦炭，反射炉熔锌会逐渐被电炉熔锌所代替。

（3）单炉产能越来越大

单炉产能向年产 10000 t 发展，为了扩大产量，在同一台炉子熔化的情况下，设计使用两个以上的喷枪同时喷吹生产锌粉是可能的。

第6章 碱性电池锌粉生产

6.1 碱性电池锌粉物理化学性能

6.1.1 碱性电池

碱性电池(alkaline battery)是碱性锌 – 二氧化锰($Zn – MnO_2$)电池的简称。最常用的是5号和7号电池,又分别称为 AA 电池和 AAA 电池或者 LR6 电池和 LR03 电池。5号电池的壳体直径为 14 mm,高度为 50.1 mm,质量约为 23 g;7号电池的壳体直径为 11 mm,高度为 44 mm,质量约为 11.5 g。两者结构大体相同,如图6 – 1 所示。

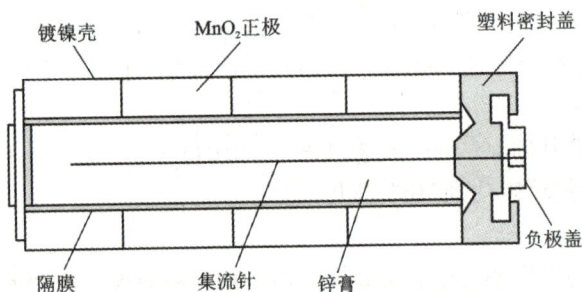

图6 – 1　5号和7号碱性电池结构示意图

除了5号和7号电池常用以外,还有一种电池,那就是纽扣电池。目前,纽扣电池市场需求在逐步扩大。

现阶段,国内具有一定规模的碱性电池生产厂家有 200 多家,主要集中在香港、广东,深圳、福建、上海、四川、河南等地,东北几乎没有,较大的有十几家,如:南孚、双鹿、长虹等;国外主要有劲量、金霸王、东芝以及富士等。

6.1.2 碱性电池主要用途和应用前景

碱性电池在结构上采用与普通电池相反的电极结构,增大了正负极间的相对面积,而且用高导电性的氢氧化钾溶液替代了氯化铵、氯化锌溶液。负极锌由片状改变成粉状,增大了负极的反应面积。加之采用了高性能的电解锰粉,电性能得以很大提高。一般同等型号的碱性电池是普通电池容量和放电时间的 3 ~ 7 倍,低温性能两者差距更大。碱性电池适用于大电流连续放电和要求高电压工作的场合,特别适用于照相机、闪光灯、剃须刀、电动玩具、CD 机、大功率各类遥控器、石英钟、收音机等。

进入 21 世纪以来,碱性电池得到飞速的发展,大有替代普通锌锰电池和其他电池的趋势。随着用电器具的发展，人们将对碱性电池的高容量和大电流特性，提出更新和更高的要求。因此，未来碱性电池的研究领域存在着更多的机遇和挑战。

6.1.3 碱性电池基本原理

碱性电池是以二氧化锰为正极活性物质，锌粉为负极活性物质，氢氧化钾为电解液。借助于内部发生的氧化还原反应释放有效电能，并向外供电。

电池在释放有效电能的过程中，正负极的化学反应方程式为

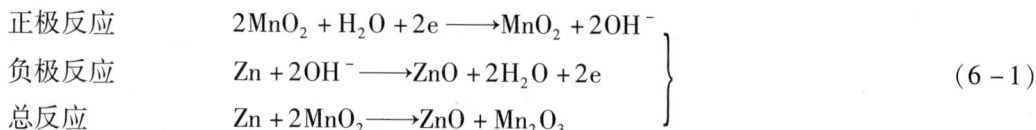

$$\left.\begin{array}{ll} \text{正极反应} & 2MnO_2 + H_2O + 2e \longrightarrow MnO_2 + 2OH^- \\ \text{负极反应} & Zn + 2OH^- \longrightarrow ZnO + 2H_2O + 2e \\ \text{总反应} & Zn + 2MnO_2 \longrightarrow ZnO + Mn_2O_3 \end{array}\right\} \quad (6-1)$$

式(6-1)中，负极反应的物理模型示意图如图6-2所示。

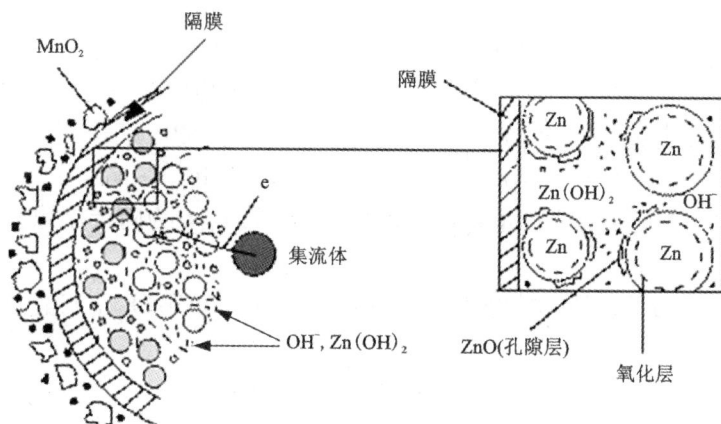

图6-2 碱性电池负极反应的物理模型示意图

实验表明，碱性电池除释放有效能以外，由于锌粉电极平衡电位比氢电极平衡电位负，所以锌粉在氢氧化钾电解液中不稳定，它会发生自放电，做无用功。自放电的结果将缩短电池贮存期限，并且还会带来安全隐患。自放电化学反应方程式如下

$$Zn + 2H_2O \longrightarrow Zn(OH)_2 + H_2 \uparrow \quad (6-2)$$

由式(6-2)可知，自放电是一析氢过程。自放电速率越快，析氢量也就越大。析氢量越大，电池产生气胀的可能性就越大，同时，用电设备受到损害的可能性也就越大。

影响自放电的因素很多，除电极锌膏的制备工艺以外，重要的是锌粉品质。为了提高锌粉品质，许多研究者从提高锌粉析氢过电位的角度做了大量的工作，主要方法是：使锌粉除含有不可避免的杂质外，再使其汞齐化，或者添加微量合金元素。

然而，应该懂得，过分地抑制自放电，相当于电极过分地钝化。过分地钝化，意味着电池的内阻增大，直接影响放电性能。因此，寻求自放电与钝化的最佳点，才是对研究者或锌粉制造商的极大挑战。

6.1.4 相关基础知识

（1）法拉第电解定律

英国物理学家、化学家法拉第（Michael Faraday）于 1833 年提出了两条重要定律，即：电解时，在电极上析出或溶解物质的质量跟通过的电量成正比（法拉第电解第一定律）；如通过电量相同，则析出或溶解的不同物质的质量跟它们的克当量成正比（法拉第电解的第二定律），总称为法拉第电解定律。其数学表达式为

$$Q = \frac{m}{M} zF \tag{6-3}$$

或

$$Q = nzF \tag{6-4}$$

式中：Q 为通过电解质溶液的电量；m 为电极上发生反应的物质质量；M 为该反应物质的摩尔质量；n 为电极上发生反应的物质的摩尔量（$n = m/M$）；z 为反应粒子的得失电子数；F 为法拉第常数。

根据法拉第定律的数学表达式可知，如果 $n = 1/z$，则有 $F = Q$，这可表明 F 为电极上有 $1/z$ 摩尔物质发生反应时所需要的电量，而且与参加反应的物质种类无关。法拉第常数等于 $1/z$ 摩尔粒子所具有的电荷量，也可看作为 1 摩尔电子所具有的电荷量。即

$$F = eL = 9.64846 \times 10^4 \ C \cdot mol^{-1} \approx 9.65 \times 10^4 \ C \cdot mol^{-1} \tag{6-5}$$

式中：e 为 1 个质子或电子具有的电量（1.60219×10^{-19} C）；L 为阿伏伽德罗常数（$6.022 \times 10^{23} \ mol^{-1}$）。

在实际应用中，为了方便，将 96500 库伦（C）叫做 1 法拉第（F），将它作为一个电量单位。即：

$$1F = 96500 \ C = 26.8 \ A \cdot h \tag{6-6}$$

法拉第定律不仅适用于电解池中的过程，同样适用于碱性电池中的过程。

（2）电池的理论容量

电池的理论容量是电池负极活性物质和正极活性物质的质量的函数，它与正负极活性物质的质量成正比，也就是在化学能与电能相互转换时，正负极活性物质的质量越大，化学能转换成电能的总量就越大。

电池的理论容量以电池中进行电化学反应放出的总电量表示，单位为安时（A·h）。1 安时（A·h）等于电路中通过电流强度为 1 安培和时间为 1 小时的电量，即 1 安时 = 1 安培 × 1 小时。

电池的实际容量小于电池的理论容量。小于量的数值依赖于电池的主要原材料及其制造工艺。

（3）电池负极活性物质的理论比容量

根据电池电流反应中负极活性物质的化学反应方程式和法拉第定律数学表达式，计算出来的放电电量与负极活性物质 1 摩尔质量的比值，称为电池负极活性物质的理论比容量（C_i）。

例如，在碱性电池中负极活性物质锌粉发生如下化学反应

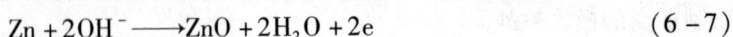

$$Zn + 2OH^- \longrightarrow ZnO + 2H_2O + 2e \tag{6-7}$$

根据式（6-7），并按照法拉第定律数学表达式 $Q = nzF$，计算得负极活性物质锌粉理论比容量如下

$$C_i = \frac{nzF}{M} = \frac{1 \text{ mol} \times 2 \times 26.8 \text{ A·h·mol}^{-1}}{65.4 \text{ g}} = 0.82 \text{ A·h/g} \qquad (6-8)$$

或
$$C_i = (0.82 \text{ A·h/g})^{-1} = 1.22 \text{ g/(A·h)} \qquad (6-9)$$

从式(6-8)得出,在碱性电池中,1 g 锌粉如果完全发生化学反应,则将放出 0.82 A·h 的电量;从式(6-9)也得出,在碱性电池中,放出 1 A·h 的电量,则将需要 1.22 g 的锌粉。

(4)电池负极活性物质利用率

电池在实际放电过程中,由于种种因素,电池中的负极活性物质和正极活性物质一样,不可能全部被有效利用。因而,当负极放出一定电量时,实际所需要的活性物质的质量,与按照法拉第定律计算的活性物质的量相比,要多一些,这两者的比值就称为活性物质利用率,通常用 ε 表示,如下式

$$\varepsilon = \frac{M_i}{M_p} \times 100\% \qquad (6-10)$$

式中:M_i 为负极放出一定的电量时,按法拉第定律计算的活性物质的质量;M_p 为放出同一电量负极实际所需的活性物质的质量。

一般情况下,电池正极和负极活性物质的利用率是不一样的。就碱性电池的负极而言,活性物质利用率的大小,是锌粉技术指标的综合体现。假如,已知某一碱性电池负极活性物质锌粉的利用率(ε)为 25%,放电量为 3.5 A·h,则锌粉实际需量为

$$M_p = \frac{M_i}{\varepsilon} = \frac{1.22 \text{ g/(A·h)} \times 3.5 \text{ A·h}}{0.25} = 17.08 \text{ g} \qquad (6-11)$$

(5)析氢过电位

众所周知,碱性氢氧化钾电解液中 H_2O 的还原平衡电位为:

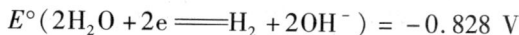

$$E^\circ (2H_2O + 2e \Longrightarrow H_2 + 2OH^-) = -0.828 \text{ V}$$

锌的氧化平衡电位为

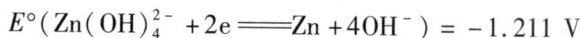

$$E^\circ (Zn(OH)_4^{2-} + 2e \Longrightarrow Zn + 4OH^-) = -1.211 \text{ V}$$

因为锌的电位比水的电位更负,所以锌上会有氢气析出,并发生自溶解,这是热力学的一般规律。但是实际上,氢气在锌极上析出的过程,涉及传质、放电和脱附等一连串步骤,这些步骤中每一步骤的迟缓都会发生极化现象。极化的结果会使析氢实际电位(E)偏离原平衡电位(E°),并且向正方向移动,把这一偏离值称之为析氢过电位,用 η 表示,即

$$\eta = E - E^\circ \qquad (6-12)$$

实验结果表明,碱性电池锌粉颗粒表面粗糙度和添加微量合金元素,对提高析氢过电位有较大影响。颗粒表面越粗糙,析氢过电位就越小。因为粗糙的颗粒表面积大,同电解液接触面也大,增大了反应面积,降低了电流密度,从而降低了析氢过电位。锌粉颗粒中添加某些微量合金元素,如铟、铋、铅、汞、稀土等,对提高析氢过电位有积极作用。虽然,目前其中有些元素的作用机理以及实验数据尚不清楚,但它们所起到的积极作用是毋容置疑的。有人分析认为,添加微量合金元素以后对晶粒结构有改变,改善了晶界的成分,细化了晶粒。

碱性电池锌粉生产和实验中,常用合金元素的物理和部分电化学特性(析氢过电位 η)数据见表 6-1。

在表 6-1 中,各种元素在锌粉中分别起到各自的独立作用和组合作用。实践已经得到如下结论:

铟抑制氢气产生，降低锌粒表面接触电阻。

铋的加入量必须适当，因未放电时，锌粉的析气量随铋量增加而减小。但放电时，锌粉的析气量随铋量增加而增大，一般锌粉中含铋质量分数为 0.020% ~ 0.030%。

铅对抑制析氢效果十分显著，只加铅也可达到抑制氢析出的作用。

铝虽然析氢过电位较低，但加铝的合金锌粉粒子表面光滑，会降低锌粉的活性。因此，铝与其他析氢过电位高的金属(In、Bi、Pb、Sn 等)配合使用，可增强缓释效果。

铁是锌粉中最有害元素之一。因铁在 KOH 溶液中与锌形成腐蚀微电池，增加析氢，加速锌的腐蚀(定量关系见实验曲线)。

表 6 - 1　常用合金元素的物理和部分电化学特性

元素	符号	$\rho(20℃)$ /$(g·cm^{-3})$	线膨胀系数 $(20℃)$, $\alpha × 10^3$ /K^{-1}	$1.01 × 10^5$ Pa				析氢过电位 η/V $\eta = a + b\lg i$	
				熔点 /℃	溶解热 /$(kcal·kg^{-1})$	沸点 /℃	汽化热 /$(kcal·kg^{-1})$	a	b
铝	Al	2.7	0.023	658	85	2270	2800	0.64	0.14
锑	Sb	6.690	0.0110	630.5	40	1640	300	—	—
铋	Bi	9.8	0.0135	271	13	1500	200	—	—
镉	Cd	8.640	0.030	320.9	13	767	240	1.05	0.16
钙	Ca	1.540	0.025	851	78.5	1400	1000	—	—
铈	Ce	6.8	0.010	815	—	1400	—	—	—
镓	Ga	5.9	0.018	29.78	19.1	2300	—	—	—
铁	Fe	7.860	0.0123	1530	65	2500	1520	0.76	0.11
铅	Pb	11.340	0.029	327.3	5.7	1730	220	1.36	0.25
镁	Mg	1.740	0.026	650	50	1110	1350	—	—
汞	Hg	13.534	—	-38.83	—	356.95	—	1.54	0.11
锶	Sr	2.640	—	777	—	1370	—	—	—
锡	Sn	7.280	0.027	231.9	14	2300	620	1.28	0.23
锌	Zn	7.130	0.029	419.4	26.8	907	430	1.20	0.12
镧	La	6.190	—	920	—	4230	—	—	—
镨	Pr	6.769	—	935	—	3020	—	—	—
钕	Nd	7.007	—	1024	—	3180	—	—	—
铟	In	7.310	—	156.6	—	2072	—	—	—

注：1 cal = 4.1868 J。

6.1.5　碱性电池锌粉物理化学性能

碱性电池锌粉是碱性电池中重要的原材料。碱性电池中锌粉应具有如下主要物理性能和化学性能。

（1）物理性能

物理性能主要涉及松装密度、粒度分布、颗粒形貌三项指标。

①松装密度（d）。一般来说，雾化法生产的锌粉松装密度（d）为（3.0 ± 0.2）g/cm^3，而电解法生产的锌粉松装密度（d）比前者要小些。有人做过实验，得出的结果为（1.9 ± 0.2）g/cm^3，并认为，较小的松装密度有利于大电流放电。

②粒度分布（PSD）。对于 5 号和 7 号碱性电池来说，人们普遍认为锌粉的粒径过大，如大于 0.365 mm，是不合理的，这种观点已成定论。但是，锌粉的粒径最小应为多少，目前有两种观点：一种观点是 -0.074 mm 以上，若小于 10%（质量分数）则为最佳；另一种观点是 -0.074 ~ 0.043 mm 占到 35% 左右更有利于提高锌粉的利用率。

③颗粒形貌。依照生产方法和工艺参数的不同，锌粉颗粒形貌略有不同。对于用雾化法生产的锌粉来说，基本是枝状、泪滴状和近球形居多，JSM - 840 电镜照片如图 6 - 3 所示。

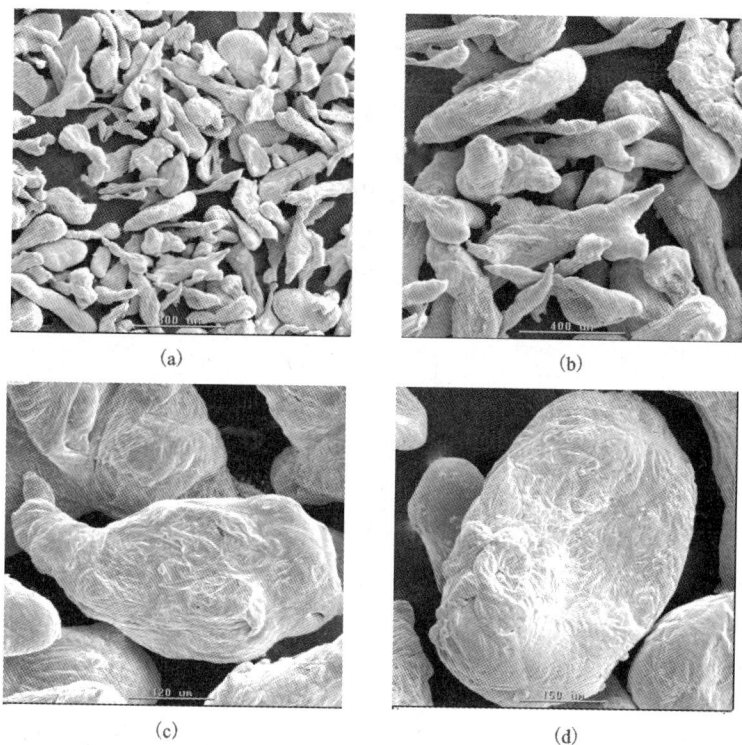

图 6 - 3 雾化法生产的锌粉颗粒形貌

值得强调指出的是，雾化法生产的锌粉粒径越小，球形度越高。对于 -0.043 mm 的细粉来说，放大 20 倍观察发现，基本全是球状体。这可能得出这样一种结论：雾化时，熔融的锌液被雾化得越细，细颗粒冷却速率就越大，容易形成光滑球状体。

然而，电解法生产的锌粉与雾化法生产的锌粉相比，两者的颗粒形貌截然不同。电解法生产的锌粉颗粒形貌基本是片状体。

（2）化学性能

化学性能主要涉及化学成分、析气量两项指标。

①化学成分。按照目前我国环保的要求，碱性柱式电池锌粉中的汞含量应≤3 μg/g，铅含量也应逐步减少到≤3 μg/g，但纽扣式电池例外。至于其他元素，锌粉生产商主要根据用户要求协商而定。一般来说，控制 Fe≤3 μg/g，Cu≤3 μg/g，Cd≤10 μg/g，ZnO≤0.4%，In 0.025%~0.070%，Bi 为 0.010%~0.060%，Ca≤200 μg/g，Al≤200 μg/g。

②析气量。析气量多少是锌粉的一项综合性指标。一般认为，取 5 g 锌粉，放在预制的电解液中，3 天的析气量应≤0.15 mL，即用≤0.15 mL/5 g·3 d 表示。

关于以上物理化学性能所涉及的概念、指标检测方法及其原理，在本文后面章节将进行详解。

6.2 碱性电池锌粉发展方向

6.2.1 生产技术发展方向

这里所指的生产技术包括生产设备、生产工艺、合金配方。

（1）生产设备

熔炼炉是生产中的主要设备。目前国内采用的是中频感应电炉，额定容量一般为 200~1000 kg；而国外一著名厂家，采用一种以重油为燃料的反射炉，炉膛锌液容积大于 10 m³，小于 15 m³，出料方式为溢流法。这种反射炉容积大，有利于合金成分的稳定，今后采用大容量炉子是一发展方向。

（2）生产工艺

目前国内外生产锌粉企业主要工艺之一是空气雾化法，这种方法使粒度分布的可控性较差，一般 +0.365 mm 占 5%~10%（质量分数），-0.074 mm 占 30%~45%。这相对于要求粒度分布在 -0.365~+0.074 mm 的产品用户来讲，锌粉生产厂家的直产率只有 45%~65%。今后采用先进的生产工艺，合理地控制粒度分布，提高直产率是一发展方向。有人做过尝试，采用离心雾化法可以实现这一设想。

（3）合金配方

锌粉中添加合金微量元素，是为了提高析氢过电位，减少自放电，增加储存期。目前所添加的合金微量元素以铟、铋、铅为主，少数生产厂仍然使用汞。

铅和汞毒害较大，对人的身体有害，并且污染环境。因此，从降低产品成本、节约资源、保护环境的观点出发，有必要尽量减少这些元素的添加量，用廉价和无毒害元素替代它们。

6.2.2 市场需求发展方向

目前，国内电池锌粉制造厂有近 10 家，理论产能约 2 万 t，实际产能约 1.5 万 t。国内整个市场需求在 2.5 万 t 左右，有一定的缺口。每年从国外，如：比利时的优美科公司，日本的三井株式会社，加拿大的国格里洛公司等，进口约有 4000 t。随着家用和工业用电气具日新月异的发展，碱性电池用量和应用领域的逐步扩大以及出口量的增加，今后碱性电池锌粉的市场潜力巨大。

目前国内外正在研制一种锌/空气(Zn/air)碱性电池,它主要用于汽车,取代燃油。如果这一想法得以实现,碱性电池锌粉的市场前景将会更加令人乐观。

6.3 碱性电池锌粉制造基本方法

6.3.1 电解法

电解方法生产的碱性电池锌粉,其颗粒形状为枝晶体,松装密度为$(0.8 \sim 2.0) \, \text{g/cm}^3$,比表面积为$(0.8 \sim 1.8) \, \text{m}^2$,粒径为$(50 \sim 200) \, \mu\text{m}$,合金微量元素在颗粒中分布较均匀。

(1)工艺基本原理

氧化锌(ZnO)在氢氧化钾(KOH)电解液中,与氢氧根(OH^-)反应,锌生成四羟合锌(Ⅱ)配离子,即:$Zn(OH)_4^{2+}$,并进入溶液。在电解时,$Zn(OH)_4^{2+}$在阴极获得两个电子(2e),如

$$Zn(OH)_4^{2+} + 2e \longrightarrow Zn + H_2O + 2OH^- \qquad (6-13)$$

$2OH^-$在阳极失掉两个电子(2e),如

$$2OH^- \longrightarrow 1/2O_2 + H_2O + 2e \qquad (6-14)$$

从电解反应可知,电解时要消耗 ZnO。因此,为了保证电解液的浓度,必须要不断补充更新。

(2)工艺流程和设备

1)工艺流程图

电解法生产碱性电池锌粉工艺流程图见图6-4。它主要包括:配液、电解、压滤、真空干燥、粉碎、计量包装、入库等内容。

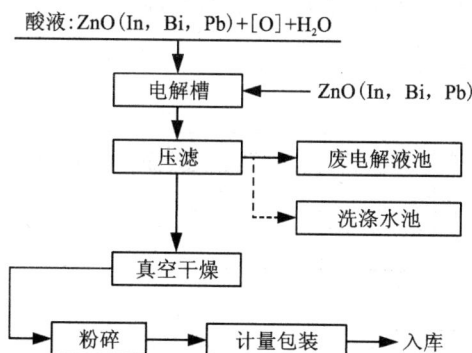

图6-4 电解法生产碱性电池锌粉工艺流程

2)主要工艺参数

①电解液。Zn^{2+}离子在电解液中的浓度应该维持在 $30 \sim 43 \, \text{g/L}$,最好在 $38 \sim 43 \, \text{g/L}$ 之间,最佳值为 $40 \, \text{g/L}$。当 Zn^{2+} 低于 $30 \, \text{g/L}$,电解池的效率会降低,引起沉积在阴极上的合金锌结构变薄,枝晶减少。电解液中,根据需要还可溶入铟、铅、铋等其他阳离子。

电解液的温度维持在 $20 \sim 30℃$ 之间,室温即可。

②电流密度。第一阳极和阴极之间施加的电压使阴极电流密度达到 $100 \sim 200 \ mA/cm^2$；第二阳极和阴极之间施加的电压使第二阳极的电流密度为 $125 \sim 150 \ mA/cm^2$。当第二阳极和阴极之间的电压一定时，第二阳极的电流密度依赖其自身的面积，它的面积越小，电流密度就越大。

3) 主要设备

①电解槽。电解槽的槽体由聚丙烯板制作，内装含 Zn 离子 KOH 电解液，其结构示意图如图 6 - 5 所示。

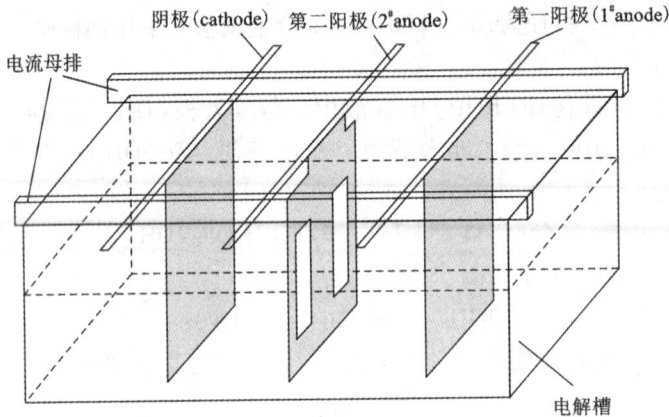

图 6 - 5　电解槽结构示意图

②电极。电极包括：阴极(cathode)、第一阳极($1^\#$anode)、第二阳极($2^\#$anode)。阴极的材料是镁合金，其组分为 $1.2\% \sim 2.6\%$ 锰，$0.1\% \sim 0.4\%$ 银，$\leq 0.01\%$ 铝，余量为镁。第一阳极的材料是金属镍，第二阳极的材料是金属铟，或者锌铟合金，它们分别对称摆放在阴极两侧，如图 6 - 6 所示。

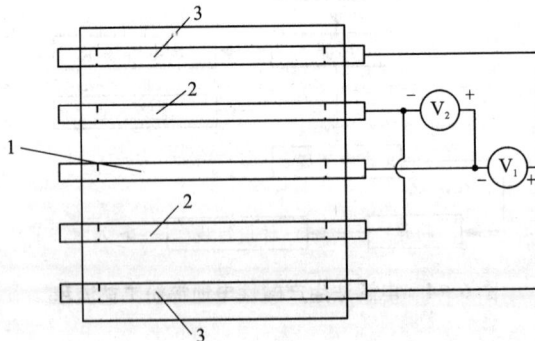

图 6 - 6　阴极、第一阳极和第二阳极摆放示意图

1—阴极；2—第二阳极；3—第一阳极

当然可以有第三阳极($3^\#$anode)，其材料为铋，或者锌铋合金，它们摆放示意如图 6 - 7 所示。

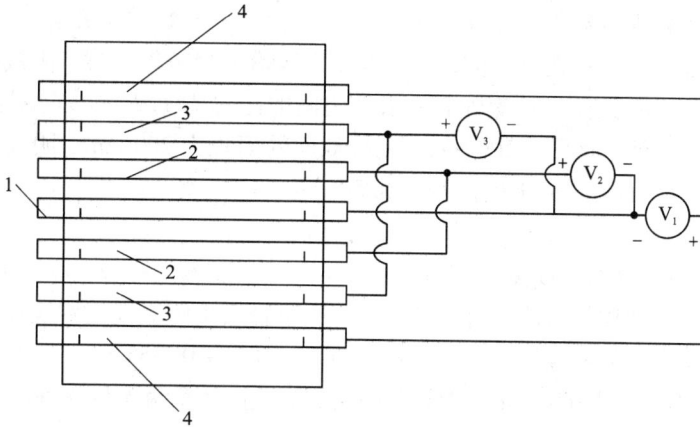

图6-7 阴极、第一阳极和第二阳极以及第三阳极摆放示意图

1—阴极；2—第二阳极；3—第三阳极；4—第一阳极

由于第二阳极和第三阳极在电解过程中容易破碎，所以它们最好用耐碱性的网袋或无纺布或网笼包裹起来，以防碎落和污染电解液，如图6-8所示。由于第二阳极、第三阳极是放在阴极和第一阳极之间，所以它们的截面积要小于第一阳极，以保证有足够的锌离子（Zn^{2+}）进行迁移，使用的方法之一是在其上面打孔，如图6-9所示。

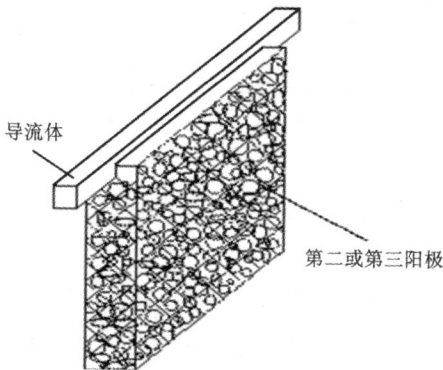

图6-8 第二阳极或第三阳极网袋结构

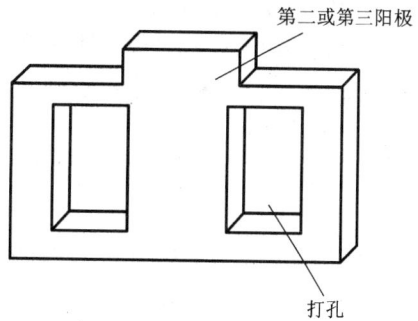

图6-9 第二阳极或第三阳极打孔结构示意图

（3）举例

例1：实验过程

1）配制电解液

电解液中氢氧化钾（KOH）浓度为7.5 mol/L，氧化锌（ZnO）浓度为48 g/L，余量为用反渗透膜处理后的净化水。

2）导入电解液

导入量为10 L。

3）电极摆放方法

见图6-6，其中，第一阳极为镍金属，第二阳极为铟合金。

4）采用的主要技术参数

电解液的温度为25℃，在电解前，电解液需用锌粉进行净化。第一阳极和第二阳极分别对称地放在阴极的两侧，第二阳极与第一阳极之间的距离为1.3 cm，与阴极之间的距离为1.4 cm，每个阳极双面的面积为100 cm²，阴极双面的面积为200 cm²，阴极和第一阳极电流密度为200 mA/cm²，而第二阳极电流密度为50 mA/cm²。

5）操作方法

电解操作共8 h，每10 min移除一次锌粉。8 h之后，氧化锌（ZnO）浓度降低到26 g/L。在电解过程中不需另加搅拌措施，因为电解过程中所释放出的氢气起到搅拌的作用。

实验结果：锌粉松装密度为1.8 g/cm³；粒度分布：+0.365 mm占0.5%，-0.365 ~ +0.074 mm占76%，-0.074 mm占23.5%；微量合金元素铟含量为500×10^{-6}；析气量：1.666 g锌粉、45℃恒温环境、72 h为0.45 mL。

例2：实验过程

1）配制电解液

同例1。

2）导入电解液

同例1。

3）电极摆放方法

见图6-7，其中，第一阳极仍为镍金属，第二阳极仍为铟合金，不同的是增加了一个第三阳极，其材料为铋金属。

4）采用的主要技术参数

第三阳极与第二阳极之间的距离为1.2 cm，与第一阳极之间的距离为1.5 cm，电流密度为50 mA/cm²。其他主要技术参数同例1。

5）操作方法

电解操作共12 h，每15 min移除一次锌粉。12 h之后，氧化锌（ZnO）浓度降低到25 g/L。

实验结果：锌粉松装密度为1.9 g/cm³；粒度分布：+0.365 mm占0.4%，-0.365 ~ +0.074 mm占82%，-0.074 mm占17.6%；微量合金元素铟含量为450×10^{-6}、铋含量为250×10^{-6}；析气量：1.666 g锌粉、45℃恒温环境、72 h为0.35 mL。

实验发现，如果在电解液中加入适量的铅盐，对锌粉的品质有更明显地改善。

6.3.2 雾化法

雾化法的工艺主要包括：预合金化、合金熔炼、制粉、后处理、性能检测等，其中，制粉工艺包括直喷法、横喷法、离心法。

（1）熔制母合金

熔制母合金所谓预合金化，是将拟加入熔融锌液中的微量合金元素，预先和锌进行合金化，熔炼工作合金时，将预合金化的合金锭做母合金来用。

1）微量合金元素的选择及其主要作用

目前，微量合金元素一般是析氢过电位较高的金属，主要包括有铟（In）、铋（Bi）、钙

（Ca）、铝（Al）、镁（Mg）、锶（Sr）、锡（Sn）、铅（Pb）、镓（Ga）、汞（Hg）、稀土（RE）等。稀土金属镧（La）、铈（Ce）、镨（Pr）、钕（Nd），$w(La):w(Ce):w(Pr):w(Nd) = 1:(0.5 \sim 1):(0.1 \sim 0.5):(0.1 \sim 0.5)$等。但是，目前从经济、技术及环保角度要求出发，实验和工业化生产采用最多的是铟（In）、铋（Bi）、钙（Ca）、铝（Al）、铅（Pb），并要求这些元素的纯度大于99.99%。

它们的主要作用和添加量一般为：

铟（In）：不仅能降低锌粒表面接触电阻，而且还能抑制氢气产生。在锌粉中的含量一般为$(150 \sim 1000) \times 10^{-6}$。

铋（Bi）：铋的加入量必须适当。因为电池在存储期，其析气量随锌粉中铋含量的增加而减小，但在放电时，析气量随锌粉中的铋含量的增加而增大，所以实验得出，锌粉中的铋含量为$(150 \sim 500) \times 10^{-6}$。

铅（Pb）：铅对抑制析氢效果十分显著。在锌粉中的含量一般为$(100 \sim 350) \times 10^{-6}$。

铝（Al）：铝虽然析氢过电位较低，但加铝合金锌的颗粒表面光滑，可降低锌粉的活性。铝与其他析氢过电位高的金属（In、Bi、Pb、Ca、Sn 等）配合使用，可以增强缓释效果。它在锌粉中的含量一般为$(150 \sim 300) \times 10^{-6}$。

钙（Ca）：钙在锌粉中的作用和铝的作用基本相同，含量一般为$(100 \sim 150) \times 10^{-6}$。

值得强调指出的是，要严格控制以上微量合金元素中的铁（Fe）含量，一般控制在$\leq 3 \times 10^{-6}$，如果较多的铁被带入锌粉中，则将严重影响锌粉品质。因为铁在 KOH 溶液中与锌形成腐蚀原电池，快速析氢，加速锌的腐蚀。

2）预合金化的过程

①配料。配料首先要有一个合理的配方，它决定预合金中微量元素的成分及其配比，进而决定锌粉的性能好与坏。

配料时除要求原材料的纯度外，还要求原材料表面光洁、无污垢，并且还要求对每批次进行化学定量分析。如果原料合格，方可根据配方，按质量分数进行称量配制。所用台称或天平，一般误差小于0.1%。

例1：配制 10 kg 预合金需加入：铟：300×10^{-6}；铋：150×10^{-6}；铝：200×10^{-6}；钙：100×10^{-6}。各元素过量5%。其余为锌。

例2：配制 10 kg 预合金需加入：铟：300×10^{-6}；铅：300×10^{-6}；铝：200×10^{-6}。各元素过量5%。其余为锌。

在专利 ZL00132203.6 权利要求中，公开了另外一种配方。虽然它未指明具体的质量分数含量，但是，它对实践有着重要的指导意义。这个配方表述如下：

预配制 10 kg 预合金，需加入0.1% ~ 1.0%[Sr + (In、Al、Bi、Ca、Mg、Pb)其中至少一种] + 0.03% ~ 0.5%混合稀土，余量为锌。

②熔炼。

方法1：采用容量为 10 kg 的真空中频感应炉。该炉电功率为 40 kW，真空系统由两台罗茨真空泵并联而成，其型号均为 ZJ - 300，极限压力为5×10^{-2} Pa，抽气速率为 300 L/s，电机为 4 kW，转速为 2890 r/min。

具体过程是：首先将合金元素切成 5 cm 大小的块状，然后将易氧化的金属依次放入炉内坩埚底部，最后将金属锌压盖在轻金属的顶部。当炉内真空度为3×10^{-2} Pa（抽真空用

2.5 h)时，开始冲氩气(Ar)，使炉内真空度降到 0.02 MPa。接下来开始送电加热，前 5 min 加热功率为 5 kW，紧接着 15 min 加热功率为 7.5 kW，15 min 过后，加热功率下降为 10 kW（电流为 700 ~ 100 A，电压为 100 ~ 200 V），持续 5 min 即可浇注。溶液浇注在炉内水冷铜模中，冷却 30 min。冷却过后，将空气充入炉内，打开炉盖取出合金锭，清除坩埚内的炉渣。整个熔炼过程烧损率为 3.7%。

　　方法2：采用容量为 10 kg 的普通坩埚电阻炉。该炉电功率为 5 kW。它适合熔炼某些熔点不高的金属，如：铟、铝、铅等。炉体基本结构如图 6 - 10 所示。

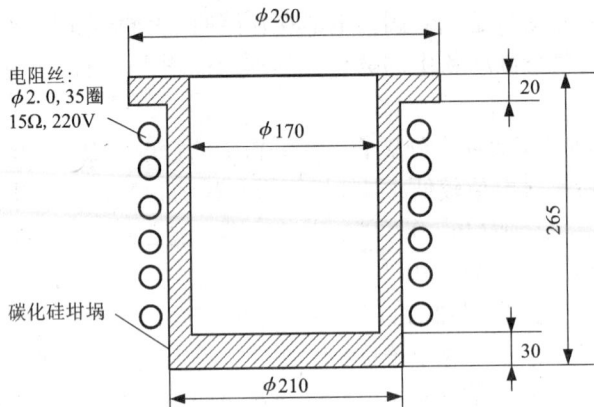

图 6 - 10　坩埚电阻炉基本结构图(单位：mm)

　　具体过程是：首先将熔点较高的合金元素铝放入炉内，熔化后，加入合金元素锌，待锌熔化后，加入铅和铟，经过 2 ~ 3 min，开始用耐热陶瓷棒人工搅拌 5 min，然后浇注成锭。

　　(2)合金熔炼

　　所谓合金熔炼，是将预合金和锌锭熔炼成熔融熔液的过程。该过程一般采用中频感应电炉。实验室常采用电阻炉，但它不适于工业化生产。目前国内生产中频感应电炉的厂家较多，如：锦州电炉厂、上海电炉厂等，还有湖南、河南、河北一些电炉厂。感应电炉的价格相差几倍，甚至十几倍，购置时应选优质的。

　　中频感应炉电源频率在 150 ~ 10000 Hz 范围，由中频电源和炉体等组成。中频电源是一种静止变频装置，利用晶闸管元件将三相工频电源变换成单相中频电源。它主要由三部分组成：

　　①整流电路。通过三相桥式全波整流线路，将三相交流电(380 V)整流为直流电。

　　②滤波。经电抗器滤波后获得一个波形平稳的直流电源，供给逆变器。

　　③逆变电路。滤波后的直流电，由单相桥式逆变线路，利用可控硅的轮番导通和关断，使直流电变成频率可调的中频电流。中频感应炉加热系统电路原理如图 6 - 11 所示。

　　生产实践中使用的中频电源，是将整流电路、滤波、逆变电路及控制部分集成一体，构成中频电源柜，实物照片如图 6 - 12。

　　该电源特点是全数字控制，具有高控制精度和可靠性，完善的保护系统；具有过流、过压、缺相、水压不足、水温过高等各种保护，确保设备在发生故障时不损坏元器件；电压电流双闭环控制，确保系统稳定可靠运行；高功率因数运行特性；整套设备的效率和功率因数达

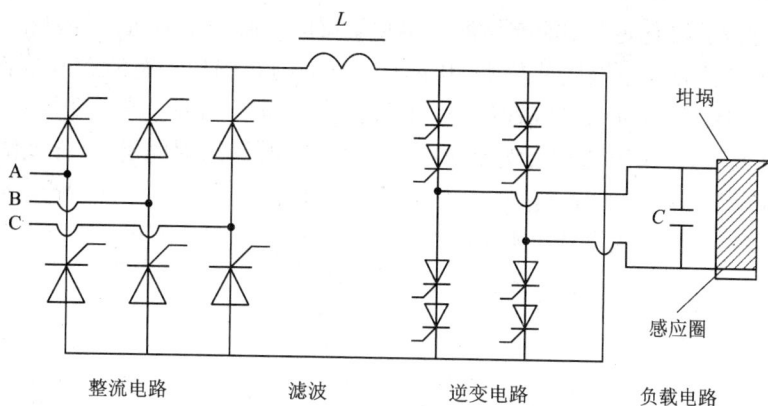

图 6 – 11　中频感应炉加热系统电路原理

到最高值运行；完善的外控接口，可以方便地实现外部监控和温度闭环；电源启动性能 100%，彻底排除了启动失败的问题；采用全模块结构，使设备的体积减小，可靠性提高。

　　中频感应炉的炉体包括感应线圈、坩埚和电接头等，实物照片如图 6 – 13 所示。

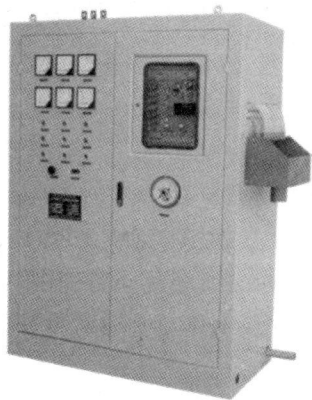

图 6 – 12　中频电源柜实物照片

图 6 – 13　中频感应炉炉体照片

　　中频感应炉熔炼合金的原理，是利用电流线圈中产生交变磁场，使坩埚内的金属产生涡流，从而使金属迅速加热而熔化。合金熔化后，感应圈和熔体成为两个同心导体，熔融金属表面的感应电流和附近线圈中的电流方向相反而互相排斥，结果使熔融金属表面中间部分凸起，产生电磁搅拌作用。这种现象对合金的均匀化是十分有利的。其原理如图 6 – 14 所示。

　　在图 6 – 14 中，让线圈 A 流过频率为 f 的交流电流（i_1），则在金属 B 中会产生交变的磁通为 Φ，因此产生一种交变的感应电动势（E），$E = \Phi_m\omega\sin(\omega t - \pi/2)$，电动势的幅值为 $E_2m = \Phi_m\omega$，Φ_m 为交变磁通最大值，ω 为角频率，$\omega = 2\pi f$。交变的感应电动势（E）会在金属中产生一种涡流（i_2），涡流（i_2）使金属发热。这就是感应加热的原理。

　　感应线圈一般用方形紫铜管绕制，管内通冷却水，线圈匝与匝之间有一定距离，并用绝缘支架隔离，以防短路或打火。

坩埚的化学成分要稳定，不能与熔液发生化学反应。制作坩埚时一定要将感应圈用木块垫平，以防烧坏。首先在坩埚底部放上 10 mm 左右厚的石棉板。感应圈及底部衬上玻璃丝布，再用 1.651 ~ 0.175 mm 镁砂和镁砂粉，通过掺入适量的硼酸及水，进行充分混合，将其作为填充料。填充料要用磁选除去铁磁性物质，然后将石墨坩埚固定好，在坩埚与线圈缝隙之间用石棉板填充，填充得越紧越好，封口处用平均直径 2 mm 左右黏土砖小碎块和耐火水泥抹好，并用水玻璃涂在表面上。烧结时用石墨作为发热体，在 600 ~ 1300℃ 范围内烧结 4 ~ 5 h，然后停电自然冷却。坩埚安装组合示意如图 6 - 15 所示。

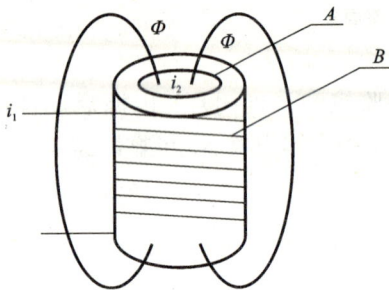

图 6 - 14　感应加热工作原理

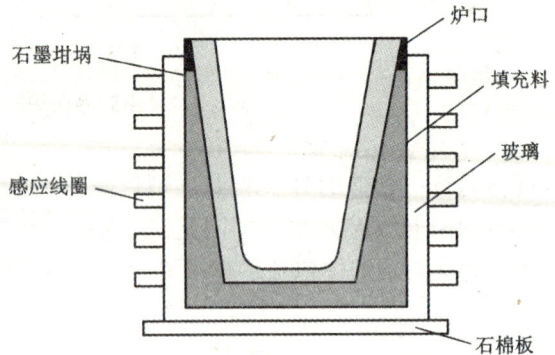

图 6 - 15　坩埚安装组合

熔炼工艺举例：

中频感应电炉型号为两种，一种是上海电炉厂产，额定功率为 100 kW，实际使用 65 ~ 70 kW，烘炉时，使用 30 ~ 35 kW；额定容量为 200 kg（实际熔 9 块锌锭，每块 22 kg）；另一种是河北丰润电炉厂产，额定功率为 250 kW，开炉时使用 150 kW，1 h 过后正常使用 100 kW，额定容量为 500 kg。这台炉子有整流可控硅管 6 个，每个 600 A/1600 V，逆变可控硅管 8 个，每个 800 A/1600 V，炉子工作时的噪音较小。

中间锅，其结构原理类似熔制母合金工艺使用的电阻炉，不同之处是底部有漏液孔或安装了雾化喷嘴。

以额定功率为 100 kW 的中频感应电炉为例，启炉时（从冷炉开始），炉内放 3 块锌锭（约 75 kg）。送电后，功率为 40 kW，约 20 min 全部熔化后，不用母合金按配方比例加入微量元素，再每隔 5 ~ 6 min 放入 1 块锌锭和相同比例的微量元素。每放 1 块锌锭提高一次炉子加热功率，当放到第 9 块时，炉子功率提高到 70 kW，这时炉膛已到额定容量。再等约 5 min，锌液表面微红泛白，温度在 575℃ 左右，熔融锌液倾入中间锅，进入制粉工艺。由于锌液不断从中间锅流出，为保证连续生产，所以要不断进行补充。

炉子停止工作后，必须继续通水冷却，以防堵塞或冬天结冻。如果炉子因故停止工作时间较长，必须立即将锌液倒入专用设备中，以备恢复正常后使用。

在熔炼过程中，筛上料的处理是经常发生的。所谓筛上料，是制粉工艺中得到的粒度在 0.365 mm 以上的粗颗粒。当它和锌锭混合入炉熔化后，会发生大量的氧化。这时用氯化铵除渣。氯化铵有两个作用,一是氯化铵在加热时酸性增强,当有铁屑存在时,它通过电磁搅拌与铁发生化学反应,生成氨气、活性氢及氯化亚铁。反应方程式如下

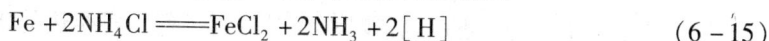

$$Fe + 2NH_4Cl === FeCl_2 + 2NH_3 + 2[H] \tag{6-15}$$

铁生成氯化亚铁后进入炉渣,这一过程起到除铁作用;二是氯化铵在加热时生成的氯化氢(HCl)与氧化锌(ZnO)反应,可以去除锌液中和液面上的氧化物,使锌液的流动性更佳。

除渣用的勺子一般是用不锈钢制作的,最好是用石墨或耐高温的非金属材料制作,避免烧蚀物带入锌液。除渣用的氯化铵为白色粉末,工业试剂即可。平均消耗量为熔炼锌或合金的 0.03%。

熔炼工艺的金属平均烧损率为 5% 左右。烧损物主要以炉渣形态存在,由于其中除主要含有氧化锌,还含有铟等其他微量有价元素,所以仍有较高利用价值。

熔炼环境整洁、人员安全很重要。排烟通风要良好。中频电炉和中间锅上方要设置排烟罩,排烟罩用镀锌板制作即可。冬天室内温度要保持在 0℃ 以上,否则,锌锭在入炉前要用专门预热设备进行预热,避免水汽带入炉内而发生溅液,造成设备和人员伤害。

(3)制粉

将熔炼工艺中的熔融锌液通过雾化,制成满足特定要求粉末的过程称之为制粉。

1)基本要求

使粉末粒度分布尽可能地集中在合理的范围内,以提高直产率。从目前国内外厂家的生产指标看,粒度分布一般为 -0.365 ~ +0.043 mm 占 90%,其中 -0.175 ~ +0.074 mm 大于 50%;使松装密度达到 2.5 ~ 3.5 g/cm³ 之间;使粉末颗粒形状最好成为理想的球形,表面光滑,肉眼看为银白色,氧化锌含量小于 1.0%。

2)物理过程

制粉工艺包括两个重要的物理过程:一是锌液如何变成液滴的过程,二是液滴如何冷却的过程。前者直接关系到粉末的粒度分布和直产率,而后者关系到粉末的松装密度、颗粒形状和表面形态及氧化程度。

锌液变成液滴的过程,通常采用气体(空气或氮气)雾化法、水(去离子水)雾化法、离心雾化法、超声波雾化法等。液滴冷却的过程通常包括水冷却、惰性气体保护冷却、自然冷却方法等。

液滴冷却过程,主要是液相到固相和固相晶体结构再转变的过程,其转变机理十分复杂,起主导作用的是传热机理,其中传热速率最重要。如果液滴的传热速率太快,会造成液滴凝固失稳,锌粉颗粒表面曲率增大,合金元素偏析。如果液滴的传热速率太慢,所谓准平衡冷却,则氧化程度加重。

液滴在冷却降落过程中,主要依靠环境气体的对流传热和辐射传热。由于液滴的直径很小,难以在下落过程中精确测量温度变化,所以对液滴的冷却速率进行合理的估计是必要的。估计液滴凝固速率的方法,是建立零维传热数学模型。根据传热学理论,假定液滴为球形,其当量直径为 D,而且为单相体,则温度变化速率为 dT/dt,可以表示为

$$\frac{dT}{dt} = \frac{6}{C_{PL}\rho_d D}[\varepsilon\delta(T^4 - T_g^4) + h(T - T_g)] \tag{6-16}$$

式中:C_{PL} 为锌液热容;ρ_d 为密度;h 为对流换热系数;ε 为热辐射系数;δ 为 Stefan - Boltzman 常数;T 为液滴下落过程中的温度;T_g 为环境气体温度;D 为液滴当量直径。

通过方程式(6-16)，可以看到，如果其他变量都已知，则液滴冷却速率与液滴当量直径 D 成反比，与环境气体温度 T_g 成正比。

为了便于分析问题，还可以忽略液滴在冷凝过程辐射换热的影响，近似 $\varepsilon \approx 0$，则方程式 (6-16)可以作出进一步简化，成为

$$\frac{\mathrm{d}T}{\mathrm{d}t} = \frac{6}{C_{Pl}\rho_d D}h(T - T_g) \tag{6-17}$$

通过对式(6-17)的时间积分，得到液滴的整体温度随时间变化规律如下

$$T = (T - T_g)\exp[-t/\tau] + T_g \tag{6-18}$$

在式(6-18)中，$\tau = C_{Pl}\rho_d/Dh$。借助式(6-18)，可以进一步理解液滴的整体温度，在环境温度一定的前提下，随时间变化规律的特点。

对方程式(6-16)冷却速率和式(6-18)冷凝温度的变化规律作出正确分析和理解，对指导制粉生产实践有重要意义。

3)制粉工艺

制粉工艺主要有三种：直喷法、横喷法、离心法。

①直喷法。直喷法是将熔融液体垂直喷射到集粉罐里的一种雾化方法。雾化用气体可以是工业氮气，也可以是空气。生产中发现，在特定工艺条件下，使用氮气和空气对最终锌粉品质影响不大。因此，从成本角度看，使用空气更合理。

对空气的要求，一是要除湿干燥；二是要有足够的压力和体积流量。在生产中，可根据制粉工艺对产量的要求，合理选择空气压缩机来实现这一目的。国外某一锌粉生产厂，产能为 1000 t/a，使用一台单螺杆蜗杆式空压机(国内有供应)，电机功率为 37 kW，容积流量为 6.6 m³/min，排气压力为 0.7 MPa，并配置空气过滤器和干燥器。这种空压机具有连续运转可靠性高、噪音低、体积小、安装不需基础等特点。

对于直喷法来讲，用旋转射流雾化喷嘴较好，其特点是旋流强度大，雾化效率高。

所谓旋流强度，是指在喷嘴出口处，气体切向动量与轴向动量之比。对于类似如图 6-16所示的喷嘴而言，在空气出口处，轴向动量 G_x 和切向动量 G_y 以及旋流强度 S 可以分别定义为

$$G_x = \int_0^r V_x V_x \rho 2\pi r \mathrm{d}r$$

$$G_y = \int_0^r (V_y \cdot r) V_x \rho 2\pi r \mathrm{d}r$$

$$S = \frac{G_y}{G_x R} = \frac{\int_0^R (V_y \cdot r) V_x \rho 2\pi r \mathrm{d}r}{R \int_0^R V_x V_x \rho 2\pi r \mathrm{d}r} \tag{6-19}$$

式中：S 是一个无因次量，R 是喷嘴半径。

在旋转射流中，因动量是守恒的，所以 G_x 和 G_y 都等于常数。

为更好地理解旋流强度的概念，同时也为更好地对不同结构喷嘴的旋流强度作出合理的评价，下面举两个计算实例。

例1：如图 6-17 所示。轴向动量(G_x)和切向动量(G_y)分别为

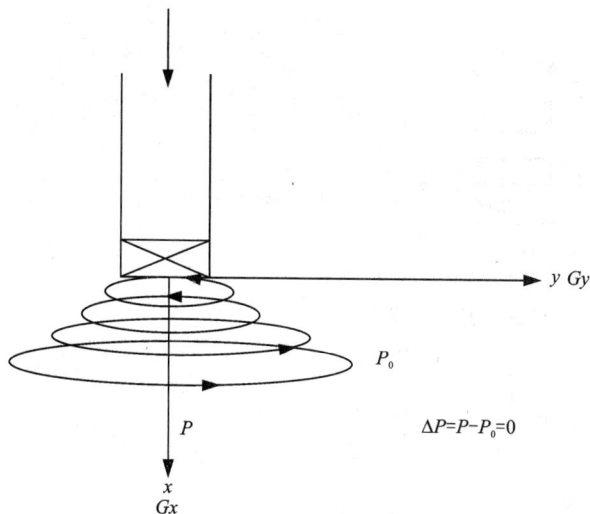

图 6 - 16　旋流物理模型

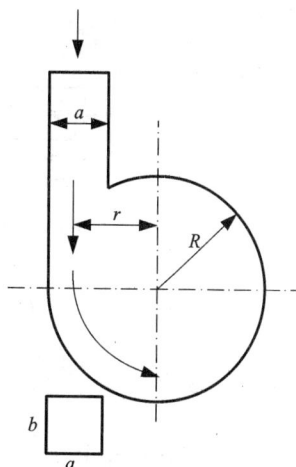

图 6 - 17　涡流式旋转射流喷嘴结构

$$G_x = \int_0^R V_x V_x \rho 2\pi r \mathrm{d}r$$

$$G_y = \int_0^R (V_y \cdot r) V_x \rho 2\pi r \mathrm{d}r$$

令：V_x 为喷出口速度，V_y 为入口速度，且为定数，则，

$$G_x = \rho V_x^2 \pi R^2$$

$$G_y = V_x V_y \left(R - \frac{a}{2}\right) \rho \pi R^2$$

因式中，$V_x = \dfrac{Q}{\pi R^2}$，$V_y = \dfrac{Q}{a \cdot b}$，$Q$ 为气体流量，所以，

$$S = \frac{G_y}{G_x} = \frac{\displaystyle\int_0^R (V_y \cdot r) V_x \rho 2\pi r \mathrm{d}r}{\displaystyle\int_0^R V_x V_x \rho 2\pi r \mathrm{d}r}$$

$$= \frac{V_x V_y \left(R - \dfrac{a}{2}\right) \rho \pi R^2}{\rho V_x^2 \pi R^2 R} = \frac{\dfrac{Q}{a \cdot b} \cdot \left(R - \dfrac{a}{2}\right)}{\dfrac{Q}{\pi R^2} \cdot R}$$

$$= \frac{\pi d (d - a)}{4 a \cdot b} \qquad (d = 2R) \tag{6 - 20}$$

例 2：叶片式旋转射流喷嘴结构如图 6 - 18 所示。图中 Ψ 为平面旋流片安装角，且为常量。设 V_0 为气体出口处速度矢量，V_{x0} 为气体出口处轴向速度，V_{y0} 为气体出口处径向速度，Ψ 为叶片安装角，则，

$$G_x \int_{r_1}^{r_2} \rho V_{x0}^2 2\pi r \mathrm{d}r = \rho V_{x0}^2 (r_2^2 - r_1^2) = \pi \rho V_{x0}^2 r_2^2 \left[1 - \left(\frac{r_1}{r_2}\right)^2 \right]$$

设叶片为平面，且 $\Psi = \mathrm{const}$，则，$V_{y0} = V_{x0} \tan\psi$

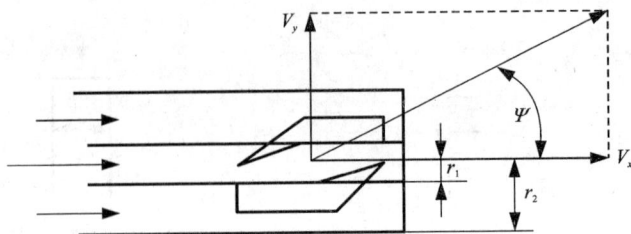

图 6-18 叶片式旋转射流喷嘴结构

$$G_y = \int_{r_1}^{r_2} \rho(V_{y0}r)V_{x0}2\pi r dr = \rho V_{x0}^2 \pi \frac{2}{3}(r_2^3 - r_1^3)\tan\psi$$

$$= \frac{2}{3}\pi\rho V_{x0}^2 r_2^3 \left[1 - \left(\frac{r_1}{r_2}\right)^3\right]\tan\psi$$

$$S = \frac{G_y}{G_x r_2} = \frac{\frac{2}{3}\pi\rho V_{x0}^2 r_2^3\left[1-\left(\frac{r_1}{r_2}\right)^3\right]\tan\psi}{\pi\rho V_{x0}^2 r_2^2\left[1-\left(\frac{r_1}{r_2}\right)^2\right]} = \frac{2}{3}\left[\frac{1-\left(\frac{r_1}{r_2}\right)^3}{1-\left(\frac{r_1}{r_2}\right)^2}\right]\tan\psi \tag{6-21}$$

生产实际中，旋转射流雾化喷嘴的结构型式较多，这里，主要介绍两种典型结构。

第一种：带三次风空气雾化喷嘴结构如图 6-19 所示。这种喷嘴分三级雾化。一次空气，入口压力为 0.5 MPa；二次空气，入口压力为 0.4 MPa；三次空气，入口压力为 0.3 MPa；θ 角为 30°。其最大特点是旋流强度较大，雾化效率很高。平均产能为 150 kg/h；粒度分布为 -0.365 ~ +0.043 mm 占 99%。

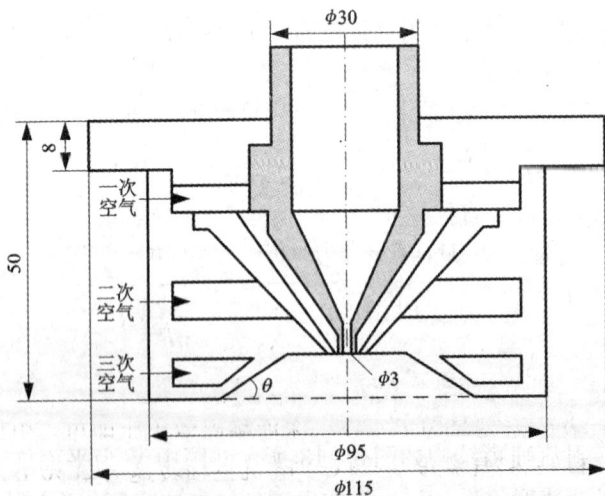

图 6-19 带三次风空气雾化喷嘴结构（单位：mm）

第二种：带一次风空气雾化喷嘴结构如图 6-20 所示。这种喷嘴只带一次空气雾化，旋流强度较小，空气入口压力 0.5 ~ 0.6 MPa。平均产能为 100 kg/h；粒度分布为 -0.365 ~ +

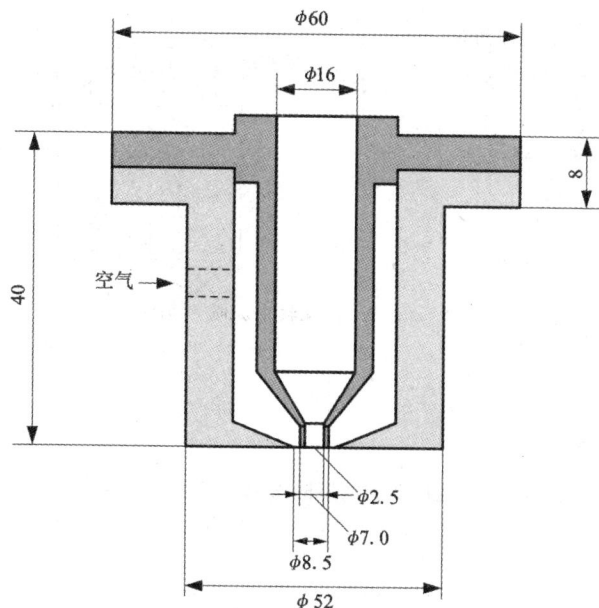

图 6 − 20　带一次风空气雾化喷嘴结构(单位：mm)

0.043 mm 占 80%。

以上两种喷嘴，锌液流经的部件材质十分重要，一般采用纯钼制品或耐热金属陶瓷，以防锌液侵蚀。

在操作中，有时喷嘴会发生堵塞现象。堵塞一旦发生，操作人员必须及时用通针处理，否则会造成停喷。

直喷工艺对于集粉罐的结构参数和冷却介质及冷却方法有一定的要求。罐体材质为 1Gr18Ni9Ti 或 0Gr18Ni9Ti，厚度为 4 ~ 5 mm；罐高和直径要使罐体有足够的容积、足够的纵横方向尺寸，以保证锌粉冷却所需合理的空间。冷却介质为净化水或空气。冷却方法分为沉降法和引风法。

沉降法和引风法各有特点：

第一，沉降法是将雾化锌液直接喷射到净化水里的一种方法。如图 6 − 21(a)所示。这种方法关键是净化水的温度和净化水的液面到喷嘴之间的喷射距离。水温度一般在 95 ~ 100℃之间，喷射距离一般在 200 ~ 300 mm 之间。因为生产是连续作业，所以，出料过后，要及时补水。

第二，引风法是将雾化锌液直接喷射到空气中，同时通过引风进行对流换热的方法，如图 6 − 21(b)所示。这种方法关键是引风速率，保证罐内微正压即可。引风机的风压为 1303 Pa；风量为 4146 m³/h(标)；引气温度为 20℃；电机主轴转速为 2890 r/min；电机功率为 3 kW；电压为 380 V。

②横喷法。横喷法是雾化气体与锌液流动方向成正交作用，并且用引风进行冷却的一种方法。

横喷法所用的喷嘴是由两个相互独立，并且相互分开的部件组成。集粉罐的材质同样为 1Gr18Ni9Ti 或 0Gr18Ni9Ti，厚度为 4 ~ 5 mm；罐体为矩形长方体。下面通过实例介绍横喷法

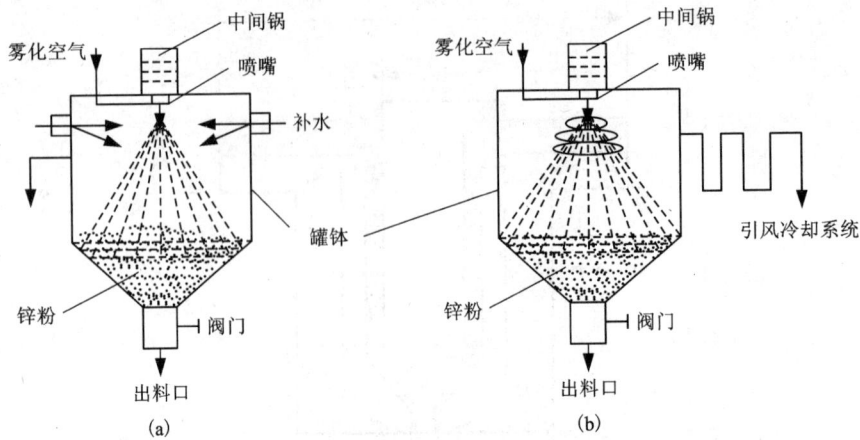

图 6 – 21 直喷工艺的沉降法和引风法(单位：mm)

(a)沉降法；(b)引风法

工艺的实现过程。产能1000 t/a，用横喷法的工艺示意图如图6 – 22所示。

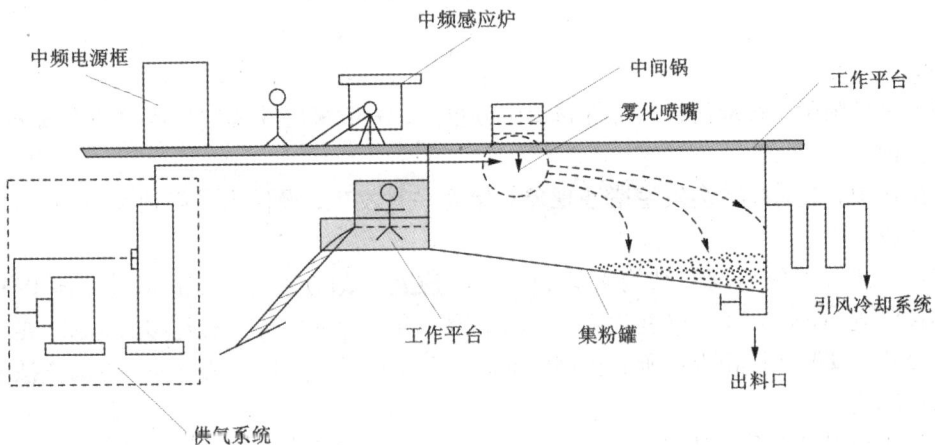

图 6 – 22 横喷法的工艺示意图(单位：mm)

图6 – 22中，雾化喷嘴包括空气喷嘴和锌液漏嘴两部分，其中空气喷嘴气体出口到锌液漏嘴中心垂直流线距离为15~25 mm，到锌液流出口的距离为100~200 mm。空气出口前压力为0.6 MPa。锌液出口直径为2.5~3.0 mm，流速为0.16~2.0 kg/s。空气喷嘴的结构为鸭嘴形，气体出口为两个同心圆的圆缺，等效宽35~65 mm，高0.5~1.0 mm，结构示意如图6 – 23所示。为了防止倒喷堵塞锌液漏嘴，在鸭嘴上面加引射片，缝隙为1~3 mm。

集粉罐罐体材质为1Gr18Ni9Ti，厚度为4.5 mm，结构示意如图6 – 24所示。罐体上的观察窗是便于操作人员观察罐内工作情况和调整操作参数以及进入罐内清理锌粉。引风冷却系统带三级除尘设备。

③离心法。离心雾化法是将熔融锌液，通过漏嘴垂直降落到高速旋转的圆盘或杯中，再通过离心力的作用使其破碎成小液滴，随后凝固成锌粉的过程。

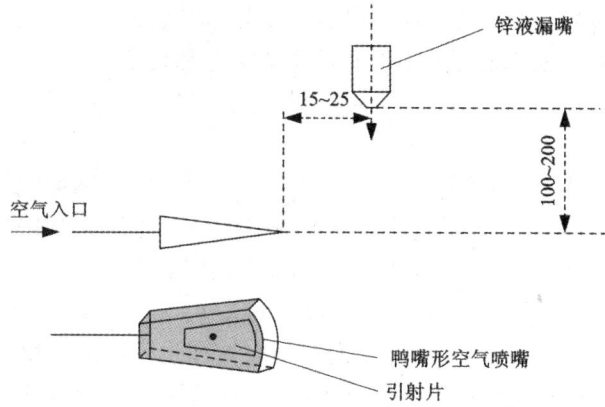

图 6-23　鸭嘴形喷嘴结构

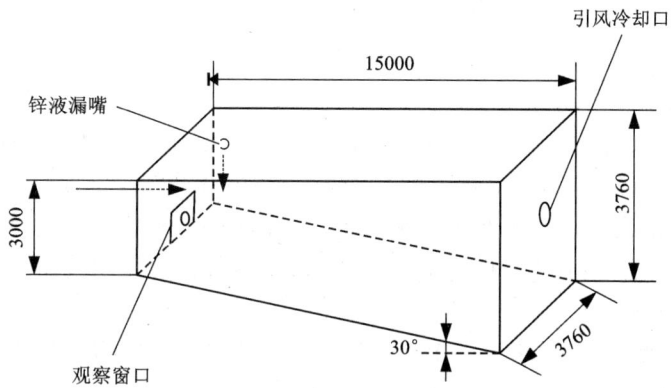

图 6-24　集粉罐结构示意图

离心雾化法的工艺过程示意图如图 6-25 所示。

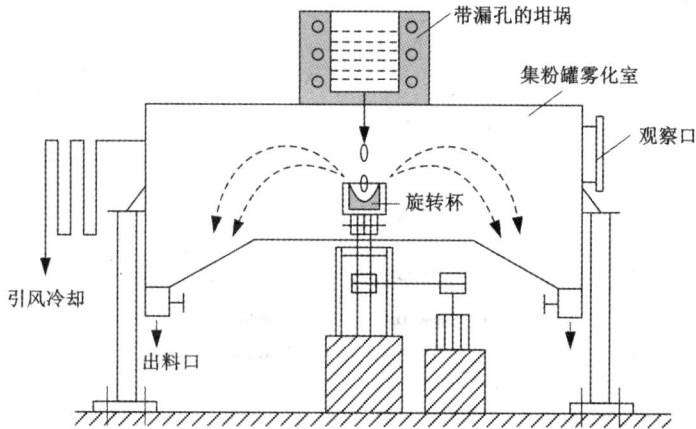

图 6-25　离心雾化法的工艺过程示意图

离心雾化法的主要特点是：能实现严格的粒度分布控制，使颗粒粒度分布比较集中、形貌为近球形。下面通过一实例简述离心雾化法主要工艺和设备。

a. 集粉罐充氮。其中体积氧含量小于4%，最优选在0.2%~3.5%。集粉罐充氮气目的是控制过分氧化。

b. 雾化。首先，将温度在480℃左右的合金锌液，通过中间锅漏嘴，连续地流到旋转杯里。漏嘴口直径为ϕ3.97 mm，流动速率为0.15 kg/s，冷却速率大于10^5℃/s。旋转杯是由石墨制成，边口直径为ϕ82.25 mm，同心放置在漏嘴下面距漏嘴200 mm、高出雾化室中心底面500 mm处。旋转杯的旋转速度为5000~22000 r/min，由电动机带动，转速由调频器控制。

c. 主要设备。包括中间锅、雾化室、雾化器、充氮和引风冷却系统。雾化器的旋转盘也可由石英玻璃材料制成，这类材料上可以有涂层以防止氧化或有结块出现。

（4）后处理

通过雾化工艺得到的锌粉尚需一系列后处理工艺，包括一次筛分、机械合金化、再次筛分、时效处理。

1）一次筛分

一次筛分有两个作用：

①将0.365 mm以上和0.074 mm以下的锌粉尽量筛除掉。因为，目前绝大多数生产柱式电池的厂家，要求0.365 mm以上和0.074 mm以下的锌粉越少越好。

②通过在筛子的出口处安装上钕铁硼永磁材料，吸除锌粉中残留的铁磁性物质。因为，铁磁性物质直接影响产品品质。析气实验数据表明，这种铁磁性物质的析气速率非常大，是锌粉析气速率的10倍以上。

所用筛子为震动筛，型号为LS-1000-3S，电机功率为1.5 kW，能力为420 kg/h（两层筛网，0.365 mm，0.074 mm上下各一层）。

筛除的+0.365 mm以上粒度的锌粉回炉熔炼，-0.074 mm以下粒度的锌粉，通过后处理，可以用于制造纽扣电池。吸除的铁磁性物质要妥善处理，以防混入产品中。

钕铁硼永磁材料除铁设备及其在震动筛上安装位置如图6-26所示。

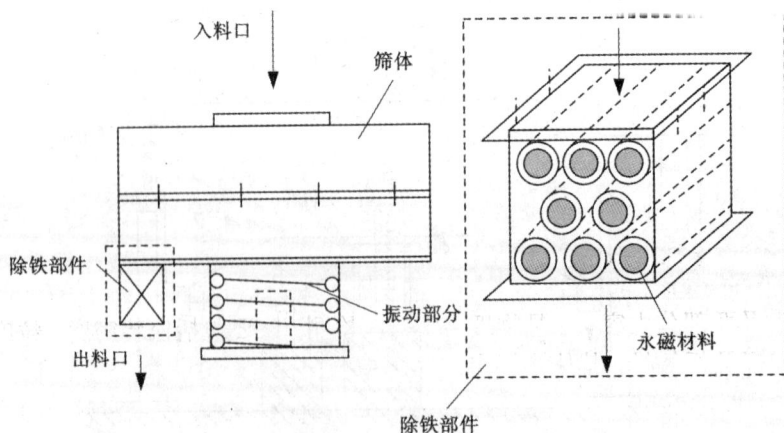

图6-26 振动筛和除铁部件及其配置

2)机械合金化

机械合金化是将低熔点金属,如铟、镓,在一定温度下,通过搅拌与锌粉再合成的过程。同时它起到改变晶粒形貌,并且使合金元素进一步均匀化的作用。现以有效容量为520 kg的合成釜为例,简述机械合金化的主要设备和工艺。

①合成釜。合成釜的转速为9 r/min,有效容量为(520 ± 20)kg(锌粉松装密度为3 ± 0.2 g/cm^3),占合成釜实际容积的2/3,三相电机功率为4 kW,减速器为摆线减速机,冷却方式为空气冷却。合成釜的材质为1Gr18Ni9Ti,厚度为4.0 mm,釜内抽真空到0.098 MPa(真空表读数),其结构示意图如图6-27所示。

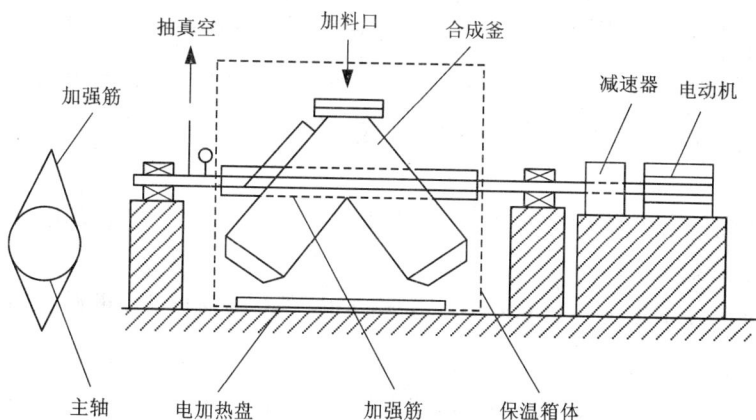

图6-27 合成釜结构

②温度制度(实例)。合成釜装料500 kg,加0.1 kg铟,在30 min内到升温75~80℃,恒温110 min,停止加热冷却1.5 h出罐。热源为电热盘,加热功率为5 kW,也可以采用液化气作为热源。冷却方式为室温25℃,自然冷却。

3)二次筛分

二次筛分的目的是再次筛掉+0.365 mm和-0.074 mm过粗和过细的粉末。方法同一次筛分。

4)时效处理

时效处理是将二次筛分得到的锌粉装入不锈钢罐中,环境温度为35℃,时间为15 d的过程。

6.4 性能检测

性能检测涉及两部分内容:一是物理化学性能检测,主要包括松装密度、粒度分布、铁、汞、氧化锌含量以及析氢量,其他指标由产品用户确定;二是电池性能检测,主要包括电气特性、放电性能和安全性。

6.4.1 物理化学性能检测

(1)松装密度检测

松装密度是锌粉在规定条件下自然填充容器时，单位体积内的粉末质量，单位为 g/cm^3。测量松装密度的装置如图 6-28 所示。

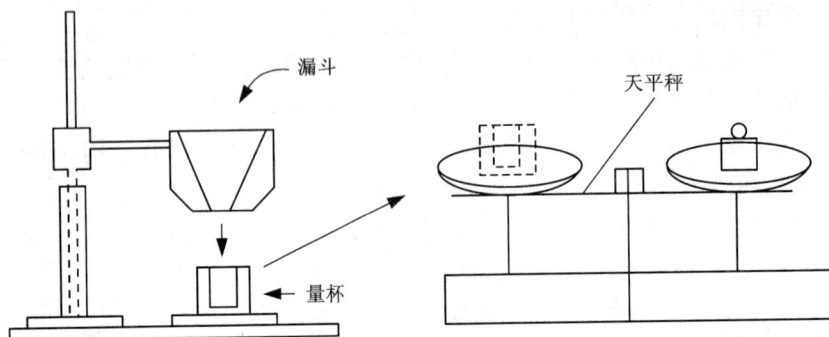

图 6-28 测量松装密度

松装密度是粉末自然堆积密度，它取决于颗粒的黏附力、相对滑动的阻力以及粉末体空隙被小颗粒填充的程度。

检验方法及执行标准为 GB 1479—84。漏斗是耐磨不锈钢材质，量杯是铝合金制做。计算公式如下

$$d = \frac{W_\text{总} - W_\text{量杯}}{V_\text{容积}} \qquad (6-22)$$

式中：$W_\text{总}$ 为锌粉和量杯质量之和/g；$W_\text{量杯}$ 为量杯质量/g；$V_\text{容积}$ 为量杯有效容积/cm^3。

（2）粒度分布（particle size stribution，PSD）检测

1）原理

采用一组标准筛，筛分一定质量的锌粉，最后称量结果。

2）仪器

筛子：筛子的直径为 ϕ200 mm，深度为 50 mm，由不锈钢（1Cr18Ni9Ti）筛布（GB 6005）制成。一套筛子能紧密地套在一起。上部加盖，下部加底盘。测试所用的一套筛子，孔径和个数要保证能够测定样品的粒度组成，满足要求；振筛机型号为 LS-300；分析天平型号为 HC.TP12B.2，精确到 0.1 g。

3）筛分过程

要求待测试样具有产品代表性，试样质量为 100 g。将选好的一套筛子依筛孔尺寸自上而下从大到小叠起，底盘放在最底部，试样倒在顶部的筛子上，然后盖上盖子。将整套筛子牢固地装在振筛机上，开动振筛机振动 15 min。从一套筛子上取出一个筛子，把它里面的锌粉倾倒在一张足以收集所有锌粉的光滑纸面上。再把附在筛网和筛框底部的锌粉，用软毛刷刷到相邻的下一个筛子中。然后把筛子反扣在同一级别光滑的纸面上，轻轻的用填料勺把敲打筛框，清除筛子中所有的锌粉，称量各个级别的锌粉，并把质量记录下来。锌粉质量的总和应不少于原来取样称量的 99%，否则须重新测定。

4）数据处理

筛分结果用各筛级锌粉的质量分数含量表示，精确到 0.1%。任何小于 0.1% 的筛分量

以"痕量"标注。筛分结果举例见表 6 - 2。

表 6 - 2　筛分结果举例

筛孔尺寸范围/μm	筛分量/g	筛分量/%
>180	痕量	痕量
150 ~ 180	0.5	0.5
106 ~ 150	8.5	8.6
75 ~ 106	14.2	14.3
63 ~ 75	16.0	16.1
45 ~ 63	28.4	28.6
<45	31.7	31.9
总　量	99.3	100.0
试　样　量	100.0	
损　失　量	0.7	

5）试验筛的修正

经常使用的试验筛用过 10 次后，由于筛孔变形或被堵塞不再符合原来的尺寸规格而逐渐失去其标准性，因此，经过超声波清洗后进行校验。应使用另外一套经过鉴定的试验筛作为校验筛，其校验方法为：用同一种锌粉，分别在检验筛上做粒度分布的测定实验，从下式求出被校验筛的修正系数

$$X = J/G \qquad (6-23)$$

式中：X 为被校验筛的修正系数；J 为校验筛上的锌粉量/%；G 为被校验筛上的锌粉量/%。

以后测定时，每级被校验筛所得数据，都应分别乘以其对应的比率数。修正系数的计算方法举例见表 6 - 3。

表 6 - 3　修正系数的计算方法举例

筛孔尺寸/μm	校验筛上锌粉量 J/%	被校验筛上锌粉量 G/%	被检验筛的修正系数/%
>180	0.1	0.1	0.1/0.1 = 1.0
150 ~ 180	5.0	5.0	5.0/5.0 = 1.0
106 ~ 150	25.0	24.0	25.0/24.0 = 1.04
75 ~ 106	30.0	28.0	30.0/28.0 = 1.07
45 ~ 75	23.0	24.0	23.0/24.0 = 0.458
<45	16.9	18.9	16.9/18.9 = 0.894

（3）铁（Fe）含量、汞（Hg）含量和氧化锌含量的测定

铁（Fe）含量的测量方法采用磺基水杨酸分光光度法，汞（Hg）含量测定采用硫氰酸钾滴定法，氧化锌（ZnO）含量测定采用 EDTA 容量法（参考专项标准）。

（4）析气量的测定

1）原理

在电解液中，锌粉在某些杂质的作用下易发生溶解（腐蚀）并析出氢气，析气量与锌粉的物理性能和化学性能有关，用集气法收集气体测定析气量。

2）试剂

液体石蜡（化学纯）：将液体石蜡倒入烧杯中进行脱水。首先加热至 80℃，保持 3 h，然后冷却到室温后倒入干净干燥的瓶中封存备用。

氢氧化钾：KOH 为含量大于 90% 的优级纯。

氧化锌：ZnO 为分析纯。

电解液：电解液配制比例有两种：

①$m(KOH):m(ZnO):m(H_2O)$（蒸溜水）比为 41.09 g：5.49 g：53.42 g；

②$m(KOH):m(ZnO):m(H_2O)$（蒸溜水）比为 38.00 g：3.00 g：59.00 g。

在配制电解液过程中，首先溶解氢氧化钾，然后通过加热、搅拌再溶解氧化锌，溶液静止后取清液密封保存。

3）检测装置

析气量检测装置如图 6 - 29 所示。

刻度管：刻度管最大量程为 0.5 mL，刻度分度值为 0.01 mL。

玻璃烧杯：玻璃烧杯分别为 100 mL、200 mL、500 mL，视试样质量而定。100 mL 对应 1.666 g，200 mL 对应 5 g，500 mL 对应 25 g。

锥形玻璃罩：锥形玻璃罩分别为

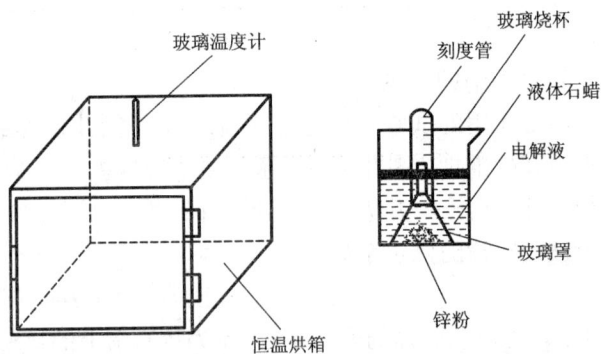

图 6 - 29 锌粉析气量检测装置

大、中、小号。大号椎体直径 50 mm，高 35 mm，对应 500 mL 的烧杯；中号椎体直径 40 mm，高 30 mm，对应 200 mL 的烧杯；小号椎体直径 35 mm，高 30 mm，对应 100 mL 的烧杯。

恒温烘箱：温度精度 ±1℃。

4）检测步骤

检测前，将检测过程所用玻璃器皿用稀盐酸浸泡 1 h 左右后，用蒸馏水冲洗干净，干燥备用。称取试样 1.666 g，或 5 g，或 25 g，根据产品用户要求而定。

将试样放入烧杯，再用毛笔刷轻轻地把试料刷成小堆，然后盖上锥形玻璃罩，再缓慢加入电解液（注意千万不要把试料冲散）；接下来是将刻度管注入电解液，并且用一只手的拇指和食指捏住刻度管，用另一只手的食指按住刻度的管端口，不让电解液流出，倒置扣在玻璃罩上，静止 5 min，用肉眼观察是否有较大气泡产生，如果有较大气泡产生，则刻度管注入电解液环节重新操作。再接下来是倒入液体石蜡，厚度为 5 mm 左右；最后放入恒温烘箱中，在 45±2℃ 或 60±2℃ 温度下保持 72 h，读出析气量。当 60±2℃ 温度下保持 72 h 时，电池锌粉

行业所参照的析气量标准为≤0.2 mL/5 g·3 d。

5)目前电池锌粉行业所参照的析气量标准还有:

①1.666 g 锌粉,45℃恒温72 h,电解液为 $m(KOH):m(ZnO):m(H_2O)=41.09$ g:5.49 g:53.42 g,析气量:≤0.05 mL/1.666 g·3d;

②25 g 锌粉,45℃恒温3 d(72 h),电解液为 $m(KOH):m(ZnO):m(H_2O)=38.00$ g:3.00 g:59.00 g。析气量:≤6 μL/(g·d)。某厂实际检测值为3.3 μL/(g·d),国外对比值为5.0 μL/(g·d);

③25 g 锌粉,60℃恒温72 h,电解液为 $m(KOH):m(ZnO):m(H_2O)=38.00$ g:3.00 g:59.00 g。析气量:电池锌粉行业所参照的析气量标准25 μL/(g·d)。某厂实际检测值为15.33 μL/(g·d),国外对比值为12.67 μL/(g·d)(在长虹电池厂检测)。

6.4.2　电池性能检测

用国内锌粉和国外锌粉随机取试样,在同一条生产线上,并且按相同的生产工艺制造成LR6 柱式电池,然后分别对这些电池初始期和存储期的电气特性、电性能、安全性进行对比检测。检测设备为日本和苏州化学电源研究所生产。检测环境温度为 20 ± 2℃,湿度为45% ~75%。

在进行电池性能检测前,对锌粉化学成分进行了检测,检测结果见表6 - 4。

表6 - 4　锌粉化学成分

成分/%	In	Bi	Al	Ca	Pb	Fe	Cd	Cu	ZnO
国内	0.0554	0.0140	0.0015	<0.0020	0.0340	0.00023	0.00098	<0.00010	0.586
国外	0.0450	0.0120	0.0040	<0.0020	0.00042	0.00025	0.00012	<0.00010	0.128

(1)析气量

称25 g 试样放在含38% KOH,3% ZnO 水溶液中,60℃恒温72 h,析气量为15.33 μL/(g·d),国外对比值为12.67 μL/(g·d);25 g 锌粉试样放在含 $m(KOH):m(ZnO):m(H_2O)=38.00$ g:3.00 g:59.00 g 的电解液中,45℃恒温72 h,析气量为3.3 μL/(g·d),国外对比值为5.0 μL/(g·d),企业标准为≤6 μL/(g·d)。

(2)松装密度

国内产品松装密度为3.12 g/cm³,国外对比值为3.10 g/cm³。锌粉粒度分布见表6 - 5。

表6 - 5　锌粉粒度分布

粒度分布/%	0.365 mm	0.635 ~ 0.246 mm	0.246 ~ 0.147 mm	0.147 ~ 0.104 mm	0.104 ~ 0.074 mm	-0.074 mm
国内	0.7	17.7	47.2	18.5	12.1	3.8
国外	1.0	16.6	43.0	17.0	12.8	9.6

（3）初始期

初始期是指电池从被制作完成到在标准温度、湿度条件下保持45 d。电池电气性能见表6-6，电池电性能见表6-7。

表6-6 电池电气性能

项目	状况	国内电池	国外电池
开路电压/V	max	1.617	1.161
	min	1.615	1.604
	ave	1.617	1.615
闭路电压/V 负载电阻10 Ω	max	1.571	1.555
	min	1.546	1.557
	ave	1.554	1.567
内阻/mΩ	max	144	132
	min	116	97
	ave	130	116
短路电流/A	max	13.9	14.4
	min	9.3	10.3
	ave	11.2	12.6

表6-7 电池电性能

项目		10 Ω 连放 终止电压0.9 V		3.9 Ω 连放 终止电压0.75 V		1.8 Ω 脉冲 终止电压0.9 V		3.9 Ω 间放 终止电压0.8 V		1500 mA 连放 终止电压 0.9 V(min)	
		国内	国外	国内	国外	国内	国外	国内	国外	国内	国外
放电 时间	max	19.5	19.2	6.45	6.58	656	666	7.26	7.23	32	35
	min	18.7	18.8	6.02	6.31	652	644	6.91	6.95	27	31
	ave	19.1	19.1	6.23	6.47	654	657	7.14	7.10	29	33
放电 容量 /A·h	max	2.268	2.233	1.81	1.85	1.61	1.64	2.21	2.20		
	min	2.189	2.203	1.71	1.79	1.59	1.59	2.01	2.04		
	ave	2.223	2.223	1.76	1.82	1.60	1.62	2.14	2.14		
均匀率/%		95.8	97.9	93.2	95.8	99.4	96.7	95.1	96.1	82.7	87.8
备注		日本放电板		国产放电板		国产放电板		国产放电板		日本放电板	

（4）存储期

存储期是指电池从被制作完成到在标准温度、湿度条件下保持45 d，然后又在

(60 ± 2)℃保持20 d。其电池电气性能见表6-8,电池电性能见表6-9。

表6-8 电池电气性能

项目	状况	某厂电池	国外电池
开路电压/V	max	1.602	1.602
	min	1.600	1.600
	ave	1.601	1.6601
闭路电压/V 负载电阻10 Ω	max	1.529	1.523
	min	1.506	1.507
	ave	1.518	1.515
内阻/mΩ	max	174	180
	min	153	154
	ave	162	162
短路电流/A	max	6.8	7.5
	min	5.0	5.5
	ave	5.8	6.4

表6-9 电池电性能

项目		10 Ω 连放 终止电压0.9 V		3.9 Ω 连放 终止电压0.75 V		1.8 Ω 脉冲 终止电压0.9 V		3.9 Ω 间放 终止电压0.8 V	
		某厂	国外	某厂	国外	某厂	国外	某厂	国外
放电时间	max	18.7	18.6	6.46	6.23	537	558	6.98	6.98
	min	18.2	17.7	5.89	5.90	474	494	6.98	6.85
	ave	18.5	18.2	6.21	6.13	516	532	6.93	6.89
放电容量/(A·h)	max	2.13	2.148	1.73	1.69	1.30	1.32	1.99	1.98
	min	2.06	2.059	1.61	1.61	1.12	1.16	1.89	1.89
	ave	2.117	2.107	1.68	1.67	1.21	1.26	1.94	1.93
均匀率/%		97.3	95.1	90.9	94.5	84.9	88	98.4	98
备注		日本放电板		国产放电板		国产放电板		国产放电板	

(5)安全性

电池气体释放量收集情况见表6-10,耐漏液与外部短路情况见表6-11。

(6)放电曲线

放电方式:1 h/d;负载电阻3.9 Ω;终止电压0.8 V;标准时间6 h;均匀率99.3%;标准方差7.31。电池放电情况见表6-12,电池放电曲线见图6-30。

表 6 - 10　电池气体收集

项　　目	国内	国外	备注
2 Ω 放电 1 h 后，在 60℃储存 20 d	1.19 mL	0.88 mL	各 9 只电池的平均值
未放电，在 60℃储存 20 d	0.66 mL	0.65 mL	各 9 只电池的平均值

表 6 - 11　耐漏液与外部短路

项目	国内	国外	备注
60℃、90% 湿度、存储 20 天	无漏液现象	无漏液现象	检查方法为目视和用酚酞
外部短路 24 h	无异常	无异常	
10 Ω 连续放电 48 h(各 9 只电池)	无漏液现象	无漏液现象	

表 6 - 12　电池放电

样品	开压 O - V	首荷 F - V	容量 Cap	到各制定电压的时间/h							
				1.40 V	1.30 V	1.20 V	1.10 V	1.00 V	0.90 V	0.85 V	0.80 V
国内	1.613	1.516	2.250	0.16	0.54	1.94	3.94	5.41	6.22	6.79	7.31
国外	1.615	1.527	2.240	0.16	0.54	1.52	3.90	5.29	6.76	6.77	7.29

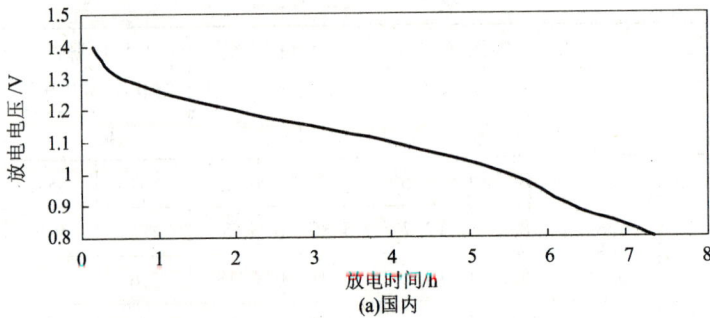

(a)国内

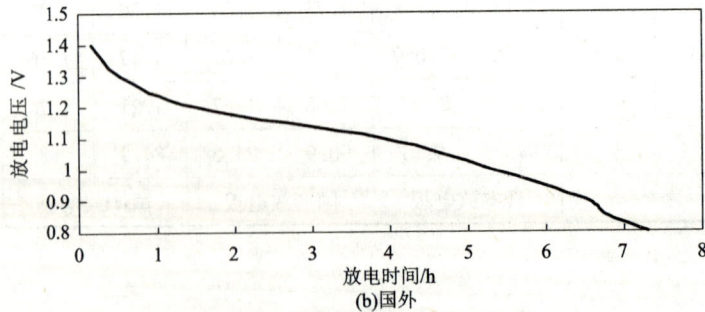

(b)国外

图 6 - 30　电池放电曲线

6.5 包装储运

包装：聚丙烯塑料桶，每桶 50 kg，内装 10 小袋，每袋 5 kg。

储运：锌粉在储运过程中应避免撞击和失落，注意防潮、防水。

第7章　锌粉生产中的安全防护

7.1　粉体材料生产中安全防护的一般知识

7.1.1　粉体的爆炸性

粉体材料的生产，在许多情况下存在引起爆炸和火灾的隐患。某些金属粉末还具有自燃性质，也就是会与空气或水汽接触而自行燃烧。

悬浮在空气中的细微金属粉尘也具有爆炸的危险性，这是粉体材料（包括锌粉）生产中最应该重视的问题。细金属粉末能够自燃的原因是因为它有非常大的自由表面，当与空气中的氧接触时，能吸附氧并发生强烈的氧化。氧化过程要放出大量的热，这就加剧了氧化过程，使粉末温度急剧上升到着火或爆炸的温度。细小的金属粉末与水接触时也会加剧氧化过程。

在粉体材料生产中，引起爆炸的因素主要来自两方面：一是金属粉末颗粒悬浮在空气中形成粉尘云。在加工处理金属粉末时，通常都会产生粉尘云。一旦粉尘云形成合适的混合浓度，并被来自金属粉末或外界火种的能量点燃时，则粉尘云就会爆炸；另一方面是气体混合物引起的爆炸。一些气体与空气在很大的浓度范围内可以形成具有爆炸危险的混合物。

影响金属粉末发生爆炸的因素很多。某些金属在有水分存在的情况下会产生易燃性气体或蒸气（如氢气），若有粉尘云存在时就有爆炸的危险；粉末粒度和它的表面积的大小能决定粉尘云是否会被引燃。粒度细小时，金属粉尘云较易引燃，同时反应速率较快；粉末颗粒形状也可能影响爆炸性。显然，粉尘云中颗粒的浓度、粉尘云中的扰动都将加快爆炸的扩散速率和加剧爆炸的破坏程度。各种金属粉末的相对爆炸能力可大致分为：高爆炸性金属粉末，如锆、镁、铝、锂、钠；中等爆炸性金属粉末，如锡、锌、铁、锰、铜；低爆炸性金属粉末，如钼、钴、铅。

氧含量可决定金属是否着火和爆炸，或者燃烧是否扩展。一些金属只需要很少的氧即可燃烧，而另外一些金属粉末则需要有很高的氧含量时才燃烧。

7.1.2　粉末生产中的防爆措施

在使用具有爆炸性和起火危险的材料时，应保证良好的局部和整体通风，消除不允许存在的粉尘和气体进入空气中的可能性，在工作房间中不准堆放大量的易燃粉尘，对于爆炸危险性特别大的地方不允许放置电气设备并且严禁烟火。

7.1.3　粉尘的毒害及防护

金属粉末与其他一些非金属粉末对人体会产生有害作用。这种有害作用是由于有害物质经过呼吸器官、消化器官及皮肤而进入人体所致。某些金属粉末的有害作用可能影响到呼吸、消化视觉和嗅觉器官；可能使器官中毒、病变或者使皮肤溃烂。在这方面，最有害的是粉末粒度小于 5 μm 的细粉末。

目前，金属锌的有害作用还未发现，但长久吸入氧化锌粉尘会发生疟疾等疾病，使全身虚弱、寒颤、高烧、盗汗等。

不正确的生产组织，会使操作现场及工作间的空气中，产生很高浓度的金属粉尘。特别是在手工操作的情况下，粉尘的浓度会更高。

为避免有害物质的毒害作用，以保证生产过程顺利地进行和工作人员的身体健康，主要措施有：生产过程的高度自动化和生产设备的密封化；建立局部通风和整体通风装置；穿专用的工作服；经常检查工作场所空气中的有害物质含量等。

7.2 锌粉生产中的安全防护

锌粉的自燃点460℃，高温表面积尘引燃温度430℃，云状粉尘引燃温度530℃。爆炸下限：粉尘粒径 10 ~ 15 μm，212 ~ 284 mg/m³。粉尘与空气能形成爆炸性混合物，易被明火点燃引起爆炸。潮湿粉尘在空气中易自行发热燃烧。与水、酸类或碱金属氢氧化物接触能放易燃的氢气。与氧化剂、硫磺反应会引起着火或爆炸。小鼠腹腔 LD50：15 mg/kg。粉尘能刺激眼睛、皮肤和呼吸系统。

7.2.1 锌粉的危险性

①燃爆危险。锌粉遇湿易燃，具刺激性。与水、酸类或碱金属氢氧化物接触能放出易燃的氢气。与氧化剂、硫磺反应会引起燃烧或爆炸。粉末与空气能形成爆炸性混合物，易被明火点燃引起爆炸，潮湿粉尘在空气中易自行发热燃烧。

②灭火方法。采用干粉、干砂灭火。禁止用水和泡沫灭火。

③健康危害。吸入锌在高温下形成的氧化锌烟雾可致金属烟雾热，症状有口中金属味、口渴、胸部紧束感、干咳、头痛、头晕、高热、寒颤等。粉尘对眼有刺激性。口服刺激胃肠道。长期反复接触对皮肤有刺激性。

7.2.2 锌粉的急救措施

①皮肤接触。脱去污染的衣着，用肥皂水和清水彻底冲洗皮肤。

②眼睛接触。提起眼睑，用流动清水或生理盐水冲洗，就医。

③吸入。迅速脱离现场至空气新鲜处，保持呼吸道通畅。如呼吸困难，给输氧。如呼吸停止，立即进行人工呼吸。就医。

④食入。饮足量温水，催吐，就医。

7.2.3 锌粉的储存

储存于阴凉、干燥、通风良好的库房。远离火种、热源。库温不超过25℃，相对湿度超过75%。包装密封。应与氧化剂、酸类、碱类、胺类、氯代烃等分开存放，切忌混储。用防爆型照明、通风设施。禁止使用易产生火花的机械设备和工具。储区应备有合适的收容泄漏物。

7.2.4　锌粉运输和包装

①包装。内层使用塑料袋或二层牛皮纸袋，外全开口或中开口钢桶（钢板厚 0.5 mm，每桶净重不超过 50 kg）；螺纹口玻璃瓶、铁盖压口玻璃瓶、塑料瓶或金属桶（罐）外普通木箱。

②运输注意事项。运输时运输车辆应配备相应品种和数量的消防器材及泄漏应急处理设备。装运本品的车辆排气管须有阻火装置。运输过程中要确保容器不泄漏、不倒塌、不坠落、不损坏。严禁与氧化剂、酸类、碱类、胺类、氯代烃、食用化学品等混装混运。运输途中应防曝晒、雨淋，防高温。中途停留时应远离火种、热源。运输用车、船必须干燥，并有良好的防雨设施。车辆运输完毕应进行彻底清扫。铁路运输时要禁止溜放。

7.2.5　锌粉泄漏应急处理

隔离泄漏污染区，限制出入。切断火源。建议应急处理人员戴自给正压式呼吸器，穿防静电工作服。不要直接接触泄漏物。

①小量泄漏。避免扬尘，使用无火花工具收集于干燥、洁净、有盖的容器中。转移回收。

②大量泄漏。用塑料布、帆布覆盖。在专家指导下清除。

7.2.6　操作注意事项

锌粉生产过程要求密闭操作。操作人员必须经过专门培训，严格遵守操作规程。建议操作人员佩戴自吸过滤式防尘口罩，戴化学安全防护眼镜，穿防静电工作服。远离火种、热源，工作场所严禁吸烟。使用防爆型的通风系统和设备。避免产生粉尘。避免与氧化剂、酸类、碱类、胺类、氯代烃接触。尤其要注意避免与水接触。搬运时要轻装轻卸，防止包装及容器损坏。配备相应品种和数量的消防器材及泄漏应急处理设备。倒空的容器可能残留有害物。

①个人防护：密闭操作。提供安全淋浴和洗眼设备。

②呼吸系统防护：作业时，应该佩戴自吸过滤式防尘口罩。必要时，建议佩戴空气呼吸器。

③眼睛防护：戴化学安全防护眼镜。

④身体防护：穿防静电工作服。

⑤手防护：戴一般作业防护手套。

⑥其他防护：工作现场禁止吸烟、进食和饮水。工作完毕，淋浴更衣。实行就业前和定期的体检。

参考文献

[1] Poster A R. Handbook of Metal Powders. Reinhold, 1996

[2] 王盘鑫. 粉末冶金学. 北京：冶金工业出版社，1997

[3] 戴永年，杨斌. 有色金属材料的真空冶金. 北京：冶金工业出版社，2000

[4] 朱祖芳等. 有色金属的耐腐蚀性及其应用. 北京：化学工业出版社，1995

[5] Fire Protection Handbook. 14th Ed. U. S. National Fire Protection Association，1976

[6] Kaito C. Coalescence growth mechanism of smoke particles. Jpn J Appl Phys, 1985, 24(3): 261~264

[7] 川村清. 超微粒子的生成. 固体物理别册特集号，1984：90~96

[8] Deppert K. Feasibility study of nanoparticle synthesis from powders of compounds with incongruent sublimation behavior by the evaporation/condensation method. Nanostructured Materials, 1998, 10(4): 565~573

[9] Maeda S, Jwabuchi S. Differential scanning calorimeter of the coalescence growth of fine offine smoke particles. Jpn. J Appl Phys, 1984, 23(7): 830~835

[10] Sanshiro S. Production of metallic small particles by vacuum evaporation. Jpn J Appl Phys, 1989, 28(10): 1915~1918

[11] 严红革，陈振华，黄培云. 金属超微粒子生长行为的研究. 材料科学与工艺，1999，7(2): 87~90

[12] 严红革，李宇农，陈清等. 蒸发凝聚法制金属超微粉末工艺规律研究. 湖南大学学报(自然科学版)，2005，32(2): 85~89

[13] Mountain R D, Mulholland G W. Simulation facrosol agglomeration in the free molecular and continuum flow regimes. J Colloid and Interface, 1986, 114, (1): 67~81

[14] Matsoukas T, Friedlander S K. Dynamics of aerosol agglomerate formation. J Colloid and Interface Science, 1991, 146(1): 496~506

[15] 尹斌，严红革，陈振华等. 铝合金纳米粉末中相生成规律的初步研究. 湖南大学学报(自然科学版)，2006，33(4): 89~93

[16] 黄培云. 粉末冶金原理. 北京：冶金工业出版社，1982

[17] 李凤生. 超细粉体技术. 北京：国防工业出版社，2000

[18] 陈振华. 现代粉末冶金技术. 北京：化学工业出版社，2007

[19] 陆厚根. 粉体技术导论. 上海：同济大学出版社，1998

[20] 梅炽, 马进, 王忠实等. 铅锌冶金学. 北京: 科学出版社, 2003

[21] 张建, 蒋继穆, 孙倬等. 重有色金属冶炼设计手册·铅锌铋卷. 北京: 冶金工业出版社, 1995

[22] 王振岭等. 电炉炼锌. 北京: 冶金工业出版社, 2001

[23] 梅炽, 周孑民, 萧泽强等. 有色冶金炉窑仿真与优化. 北京: 冶金工业出版社, 2001

[24] 张鉴, 成国光, 王力军, 朱荣. 冶金熔体的计算热力学. 北京: 冶金工业出版社, 1998

[25] 梅炽, 王临江, 周孑民, 徐惠华等. 重有色冶金炉设计手册. 北京: 冶金工业出版社, 2000

[26] Hopkins B. Close – coupled gas atomization comes of age. Metal Powder Report, 1994, 49 (3): 34 ~ 38

[27] US5.656.061, 1997, 8

[28] 郭天立, 杨如中等. 喷吹锌粉生产实践. 有色矿冶, 2002, 4

[29] Corrosion-resistant zinc alloy powder and method of manufacturing. US6436539B1, 2002

[30] 郭天立. 国内无汞锌粉的发展前景分析. 世界有色金属, 2003, (11): 15 ~ 18